Teilen und Spiralfräsen

Anwendungsmöglichkeiten und Grenzen des Universalteilkopfes

Von

Ing. Otto Lichtwitz
London

Mit 25 Abbildungen
und 33 Tabellen

Springer-Verlag Berlin Heidelberg GmbH

1955

ISBN 978-3-540-01940-4   ISBN 978-3-662-13116-9 (eBook)
DOI 10.1007/978-3-662-13116-9

Vorwort.

Tabellen für Teilkopfarbeiten sind in zahlreichen Büchern enthalten, und die Lieferanten von Teilköpfen stellen meist abgekürzte Tabellen bei. Diese offenbaren jedoch nicht den vollen Bereich eines Universalteilkopfes, und es ist hier der Versuch gemacht, dessen Vielseitigkeit darzulegen. Um jedoch trotz dieses hohen Zieles den Umfang des Buches in angemessenen Grenzen zu halten, ist einige Kenntnis der Teilapparate und deren Aufgaben vorausgesetzt. Lesern, welche noch nicht mit Teilapparaten zu tun gehabt haben, wird das im gleichen Verlag erschienene Werkstattbuch Heft 6, Teilkopfarbeiten (Dr.-Ing. WILLY POCKRANDT) empfohlen, welches die elementaren Fälle ausführlicher behandelt.

Das vorliegende Buch enthält ausführliche Tabellen, welche sich besonders an diejenigen Ingenieure und Techniker wenden, welche nicht die Zeit haben, die gestellten Teilaufgaben selbst zu lösen. Wer jedoch Teilarbeiten zu meistern wünscht, darf sich nicht auf Tabellen allein verlassen, sondern muß den Ehrgeiz haben, im Bedarfsfalle die Lösungen durch eigenes Rechnen finden zu können.

Selbst schwierigere Teilkopfarbeiten erfordern keine besonderen mathematischen Kenntnisse. Das Haupterfordernis ist Gewandtheit im Bruchrechnen, welche durch die zahlreichen Beispiele in diesem Buche gefördert werden soll.

Die Anwendung eines Universalteilkopfes ist nicht auf das Teilen und Spiralfräsen beschränkt. Das Fräsen von Kurvenscheiben ist mit dem Spiralfräsen und das Teilen von Skalen ist mit dem Teilen in gleiche Winkel verwandt; je ein Abschnitt ist deshalb diesen Operationen gewidmet. Beim Fräsen sich verjüngender Nuten mancher Fräser und Kupplungen besteht die Hauptschwierigkeit in der Bestimmung des Winkels, unter welchem das Werkstück dem Werkzeuge zugeführt werden muß. Obwohl dies im Grunde keine Teilarbeit ist, muß die entsprechende Neigung des Werkstückes mittels des Teilkopfes erzielt werden; der letzte Abschnitt behandelt derartige Fälle.

Der Verfasser ist der Maschinen- und Werkzeugfabrik Fritz Werner AG., Berlin-Marienfelde, für Ratschläge und Anregungen zu Dank verpflichtet und spricht auch den folgenden Firmen seinen Dank für die Überlassung von Photographien aus:

Gebrüder Hegner, Werkzeug- und Maschinenfabrik, Schwenningen-Neckar;

Dionys Hofmann, Maschinenfabrik, Onstmettingen (Württ.);

Hommelwerke G.m.b.H., Fabrik für Präzisionswerkzeuge, Mannheim-Käfertal;
Fritz Leitz, Oberkochen;
Ludwig Loewe & Co. AG., Berlin NW 87;
Gotthilf Walter & Co., Spezialfabrik für Teilapparate, Mühlacker-Erlenbach;
Wanderer-Werke AG., Haar bei München.

Der größte Teil des Inhaltes dieses Buches ist ursprünglich in dem Buche „Indexing and Spiral Milling" veröffentlicht worden, und der Verfasser dankt dem Verlage George Newnes Ltd., London, für die Einwilligung zu der vorliegenden deutschen Ausgabe.

London, im Frühjahr 1955.   **Otto Lichtwitz.**

Inhaltsverzeichnis.

I. Der Teilkopf.

Der Teilkopf ist ein wichtiges Zubehör der Fräsmaschine, welches für das Teilen und die Drehung des Werkstückes beim Fräsen von Schraubennuten dient. Beim Teilen handelt es sich darum, das Werkstück in eine Anzahl gleicher Winkelabschnitte zu teilen oder um einen verlangten Winkel zu drehen. Solche Forderungen treten bei der Herstellung von Zahn-, Sperr- und anderen Rädern, Fräsern, Bohrern und anderen Werkstücken mit einer Vielzahl von Nuten auf; im Falle

Abb. 1. Für Differenzteilen eingestellter Universalteilkopf (Gebr. Hegner, Schwenningen).

des Fräsens von Schrägzahnrädern oder von Fräsern und Reibahlen mit schrägen Nuten dient der Teilkopf sowohl für das Teilen als auch für den schraubenförmigen Vorschub.

Die einfachsten Teilapparate haben am vorderen Spindelende eine Scheibe mit einer Anzahl gleichmäßig verteilter Kerben oder Löcher. Wenn deren Zahl z. B. 24 ist, kann man das Werkstück in 2, 3, 4, 6, 8, 12 oder 24 Abschnitte teilen, indem man die Teilscheibe gegenüber einem feststehenden Stift um 12, 8, 6, 4, 3, 2 oder 1 Loch dreht. Solche Teilapparate sind vorteilhaft, wo es sich um das Fräsen von Vier-, Sechskanten und ähnlichen Gebilden handelt. Die Arbeitsweise wird unmittelbares Teilen genannt.

1 a Lichtwitz, Teilen.

Es gibt ähnliche Teilapparate, bei welchen der Teilbereich dadurch vergrößert wird, daß statt einer Lochscheibe am vorderen Spindelende eine feststehende Platte rückwärts am Gehäuse vorgesehen ist. Das rückwärtige Spindelende trägt

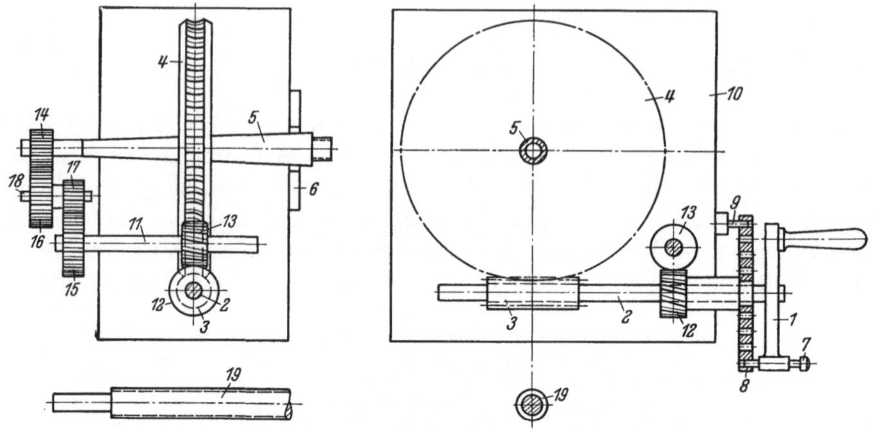

Abb. 2. Schema eines Universalteilkopfes.

eine Kurbel mit einem Federbolzen, welcher in die Löcher des jeweils benutzten Lochkreises eingreift. Wenn z. B. ein Kreis mit 50 Löchern verwendet und die Kurbel von einem Loch zu dem nächsten Loch gedreht wird, macht die Spindel $\frac{1}{50}$ Umdrehung; eine Drehung entsprechend 2 Löchern bewirkt $\frac{2}{50} = \frac{1}{25}$ Umdrehung der Spindel usw. Das Werkstück kann mittels dieses Lochkreises in 50, 25, 10, 5 oder 2 gleiche Winkelabschnitte geteilt werden.

Ein Universalteilkopf teilt mittelbar vermittels eines Schneckenradgetriebes. Obwohl sich die einzelnen Konstruktionen voneinander unterscheiden, beruhen fast alle Universalteilköpfe auf demselben Prinzip. Abb. 1 zeigt einen Universalteilkopf in Ansicht und Abb. 2 dessen Schema. Die Handkurbel *1* sitzt auf der Welle *2*, welche über die Schnecke *3* und das Schneckenrad *4* die Spindel *5* treibt. Die Spindel ist das Element, welches mittels eines Mitnehmers oder eines Spannfutters das Werkstück dreht. Das vordere Ende

Abb. 3. Senkrechtteilkopf (Fritz Werner A G., Berlin-Marienfelde).

der Spindel trägt in den meisten Fällen eine Scheibe *6* mit z. B. 24 Löchern. Wenn die Schnecke aus dem Eingriff mit dem Schneckenrad gebracht wird, kann der Universalteilkopf in derselben Weise wie die oben beschriebenen einfachen Teilapparate verwendet werden.

Die Handkurbel ist radial verstellbar, so daß der Teilstift *7* auf den Halbmesser jedes Lochkreises der Teilscheibe *8* eingestellt werden kann. Ein anderer Stift *9*, welcher mit dem Gehäuse *10* verbunden ist, kann von rückwärts in die Löcher der Scheibe *8* eingreifen; auch dieser Stift ist in vielen Fällen radial verstellbar, so daß auch er auf jede Lochreihe eingestellt werden kann. Wenn die Scheibe *8* durch den Haltestift *9* gesperrt ist und der Teilstift *7* in ein Loch der Scheibe *8* eingreift, sind Welle *2* und Spindel *5* verriegelt.

Die Übersetzung des Schneckengetriebes ist in den meisten Fällen 40 : 1. Obwohl die Anzahl der Lochscheiben und die Lochkreise der verschiedenen Fabrikate nicht einheitlich sind, sollen alle Betrachtungen auf der für viele Ausführungen zutreffenden Annahme beruhen, daß der Teilkopf mit drei Teilscheiben mit den folgenden Lochkreisen ausgerüstet ist:

15, 16, 17, 18, 19, 20;
21, 23, 27, 29, 31, 33;
37, 39, 41, 43, 47, 49.

Abb. 4. Waagerechtteilkopf, ausgerüstet mit Teilscheibe (Fritz Werner A G., Berlin-Marienfelde).

Die Teilscheibe *8* ist durch die Schraubenräder *12* und *13* mit der waagerechten Welle *11* verbunden; das Übersetzungsverhältnis dieser Räder ist gewöhnlich 1 : 1. Wenn die Spindel *5* waagerecht ist, kann ihr rückwärtiges Ende durch die Wechselräder *14* und *15*, wenn nötig über die Zwischenräder *16* und *17* auf dem Zapfen *18*, mit der Welle *11* verbunden werden; von dieser Möglichkeit wird beim Differenzteilen Gebrauch gemacht.

Die Welle *11* ist parallel zu der Werktischspindel *19* der Fräsmaschine und die Wechselräder können auch zwischen der Welle *11*

Abb. 5. Waagerechtteilkopf, ausgerüstet mit Wechselrädern (Fritz Werner A G., Berlin-Marienfelde).

und der Werktischspindel angeordnet werden; diese Verbindung wird beim Fräsen von Schraubennuten benutzt. Der Stift *9* darf natürlich die Scheibe *8* nicht sperren, wenn die Welle *11* mit der Teilkopfspindel *5* oder der Tischspindel *19* verbunden ist.

Universalteilköpfe sind beinahe ausnahmslos mit Wechselrädern mit den folgenden Zähnezahlen ausgerüstet:

$$24 (2), 28, 32, 40, 44, 48, 56, 64, 72, 86 \text{ und } 100^1.$$

Die Erwägungen und Tabellen in diesem Buche beruhen auf den angegebenen Teilscheiben, Wechselrädern und Schneckenradübersetzung. Die Benutzung von Teilköpfen, welche in dieser Hinsicht verschieden sind, ergibt sich durch eine sinngemäße Anwendung der zugrunde liegenden Prinzipe.

Abb. 6. Hand-Teilapparat
(Fritz Werner A G.,Berlin-Marienfelde).

Die schematische Abb. 2 ist insofern vereinfacht, als die Universalteilköpfe es gestatten, die Spindel von einigen Graden unterhalb der waagerechten bis einige Grade über die senkrechte Lage zu neigen, so daß auch kegelige Werkstücke bearbeitet werden können. Wenn die Teilkopfspindel senkrecht steht, ergibt sich jedoch eine große Aufbauhöhe, die stärkere Schnitte nicht zuläßt. Wo Arbeiten mit senkrechter Spindel in großem Ausmaße verlangt werden, ist ein Senkrechtteilkopf (Abb. 3) empfehlenswert; ein solcher gestattet jedoch die Anwendung des Differenzteilens nicht.

Der in Abb. 4 dargestellte Waagerechtteilkopf ist gleichfalls für Differenzteilen nicht geeignet; er gestattet jedoch — wenn gewünscht — eine so vereinfachte Bedienungsweise, daß sie auch von ungeschulten Leuten ausgeführt werden kann. Zu diesem Zwecke werden die Teilscheibe und Handkurbel gegen ein Zahnrad ausgewechselt und dieses durch eine Handkurbel über einen Räderzug betätigt (Abb. 5). Der Räderzug wird aus Wechselrädern derart zusammengesetzt, daß die verschiedenen Teilungen jeweils durch eine oder mehrere volle Umdrehungen der Kurbel ausgeführt werden. Die Kurbel wird durch einen im Innern des Gehäuses sich befindlichen Federstift selbsttätig gesperrt und kann erst weitergedreht werden, wenn ein in den Abb. 4 und 5 ersichtlicher Hebel betätigt wird. Da der Kurbel nur volle Umdrehungen erteilt werden, ist das Teilen sehr einfach und dieses Teilverfahren eignet sich daher für selbsttätige Teilapparate (Abb. 7); dieses Teilverfahren liegt auch Zahnradbearbeitungsmaschinen zugrunde, insofern Teilen und Bearbeiten voneinander zeitlich getrennt sind. Der Umstand, daß die Kurbel nur volle Umdrehungen macht, führt zu besonders einfachen Wechselräderberechnungen[2].

Abb. 6 zeigt einen Handteilapparat, welcher gleicherweise von ungeschulten Arbeitern bedient werden kann und besonders genau ist, da er nach dem unmittel-

---

[1] Dieser eingebürgerte und international verwendete Satz von Wechselrädern entspricht nicht vollkommen der Norm DIN 781.

[2] Wechselräderberechnung wird in dem im gleichen Verlage erschienenen Heft 4 der Werkstattbücher behandelt.

baren Teilverfahren arbeitet. Die zu teilende Zahl wird auf der in Abb. 6 ersichtlichen Skala eingestellt. Das Teilen geschieht mittels auswechselbarer Rastenscheiben im Innern des Teilapparates, wobei die Anzahl der Rasten gleich der zu

Abb. 7. Selbsttätiger Schaltapparat (Fritz Werner AG., Berlin-Marienfelde).

teilenden Zahl oder einem Vielfachen davon sein muß. Das Schalten der einzelnen Teilungen beschränkt sich auf das Vorziehen und Zurücklegen des Handhebels, worauf die Rastenscheibe selbsttätig gesperrt wird.

Eine noch weitergehende Vereinfachung kann durch einen selbsttätigen Schaltapparat (Abb. 7) erreicht werden, welcher den langsamen Arbeitsgang und den schnellen Rücklauf des Werktisches besorgt und nach beendetem Rücklauf die Teilkopfspindel dreht; der Arbeiter braucht nur die Werkstücke auszuwechseln und den Apparat ein- und auszurücken.

Abb. 8 zeigt einen neuartigen Teilkopf, mittels dessen jede Teilung durch Einfachteilen erhalten werden kann, so daß die später erwähnten Einschränkungen des Dif-

Abb. 8. Universalteilkopf mit Meßuhr
(Hommelwerke GmbH., Mannheim-Käfertal).

ferenz- und Verbundteilens entfallen. Dieser Teilkopf benutzt außer einer Lochscheibe mit 6 Löchern eine Lochplatte mit 1 Loche. In der in Abb. 8 gezeigten Stellung deckt sich das Loch in der Lochplatte mit dem obersten Loche

in der Lochscheibe und der Teilstift greift gerade in das Loch in der Lochplatte
ein. Die Lochscheibe kann mittels einer in der Abbildung ersichtlichen Meßuhr
relativ zu dem Loche in der Lochplatte verdreht werden, und der Winkel zwischen
dem Loche in der Lochplatte und einem Loche in der Lochscheibe kann gleich
demjenigen zwischen 2 Löchern einer Lochscheibe mit einer beliebigen Lochzahl
gemacht werden. Der Teilstift muß für jeden Teilvorgang in das Loch in der
Lochplatte eingerastet werden und die in Abb. 8 ersichtlichen mit der Kurbelachse
gleichmittigen Kordelmuttern müssen betätigt werden.

Bei allen beschriebenen Teilköpfen wird die Einstellung durch den Eingriff
eines Stiftes in ein Loch oder eine Kerbe bewirkt, im Gegensatz zu optischen Teilköpfen, bei welchen die Teilkopfspindel zwar auch mechanisch durch ein Schneckengetriebe betätigt wird, die richtige Einstellung jedoch mittels eines Mikroskops
auf einer Gradteilung beobachtet wird. Abgesehen von der Bestimmung der
Winkelgrade, welche der verlangten Teilzahl entsprechen, entfällt jegliche Berechnung und die optischen Teilköpfe zeichnen sich durch besonders hohe Genauigkeit
aus; sie können jedoch nicht für das Fräsen schraubenförmiger Nuten verwendet
werden.

II. Mehrfachteilen.

Es möge angenommen werden, daß ein Rad mit 18 Zähnen gefräst werden soll.
Der einfachste und naheliegende Vorgang ist, die Zahnlücken in der natürlichen
Reihenfolge zu fräsen. Das Werkstück wird in diesem Falle nach jedem Schnitt
$\frac{1}{18}$ Umdrehung weitergeschaltet, so daß es während 18 Teilbewegungen um 360°
gedreht wird.

Es ist jedoch auch möglich, mehrere Lücken, z. B. 5, weiterzuschalten. Dieser
Vorgang ist in Abb. 9 schematisch dargestellt. Während der 1. Umdrehung des
Werkstückes werden die vier mit 1 bis 4 bezeichneten weit voneinander liegenden
Lücken gefräst. Bei der 2. Umdrehung wird jeder Abschnitt durch die Schnitte
5 bis 8 unterteilt. Die 8. Lücke liegt hinter der
ersten und der Fräser bleibt dann um eine Lücke
hinter einer bereits gefrästen, bis mit dem
12. Schnitt die Lücke vor der zuerst gefrästen
geschnitten wird. Das Werkstück hat in diesem
Zeitpunkt ungefähr 3 Umdrehungen gemacht,
und das Rad ist fertiggestellt, wenn es 5 Umdrehungen gemacht hat.

Diese Art des Teilens möge Mehrfachteilen
genannt werden. Sie hat den Vorteil, daß die
durch das Fräsen erzeugte Wärme gleichmäßiger
über den Zahnkranz verteilt und wirksamer aus-
gestrahlt wird. Dieser Vorteil sollte jedoch nicht
überschätzt werden und die Hauptbedeutung

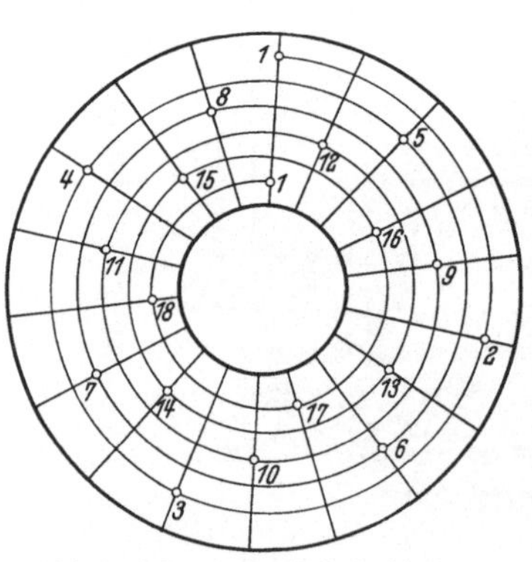
Abb. 9. Schema des Mehrfachteilens.

des Mehrfachteilens besteht darin, daß es den Bereich der Teilmöglichkeiten
vergrößert.

Abb. 9 zeigt, daß die Nachbarlücke auf der linken Seite der ersten als 8. Lücke
(nach 7 Teilbewegungen) gefräst wird und daß das Werkstück in diesem Zeit-

punkt ungefähr 2 Umdrehungen gemacht hat. Abb. 9 zeigt ferner, daß die 12. Lücke (nach 11 Teilbewegungen) der Nachbar auf der rechten Seite der 1. Lücke ist und daß das Werkstück bis zu diesem Zeitpunkt ungefähr 3 Umdrehungen gemacht hat. Da später ähnliche Fälle oft erwogen werden, soll gezeigt werden, wie diese Zahlen ohne ein Diagramm erhalten werden können.

Eine Lücke ist ein Nachbar der ersten nach x Umdrehungen des Werkstückes, wenn y Teilbewegungen ausgeführt worden sind. Da eine Umdrehung des Werkstückes 18 Lücken und eine Teilbewegung 5 Lücken entspricht, muß $18x$ entweder um 1 größer oder um 1 kleiner als $5y$ sein oder $18x - 5y = \pm 1$.

Da x und y ganze Zahlen sind, muß auch $(18x - 5y)$ eine ganze Zahl sein; da ferner 1 die kleinste ganze Zahl ist, kann die obige Gleichung auch so ausgelegt werden, daß $(18x - 5y)$ so klein als möglich sein soll. Wenn $(18x - 5y)$ durch $18y$ dividiert wird, ergibt sich, daß $\dfrac{x}{y} - \dfrac{5}{18}$ so klein als möglich sein soll oder daß der Bruch $\dfrac{x}{y}$, welcher aus kleineren Zahlen als 5 und 18 besteht, möglichst nahe an $\dfrac{5}{18}$ sein soll. Diese Aufgabe wird am einfachsten mittels Kettenbrüche gelöst, und der Vorgang soll an Hand dieses einfachen Beispiels gezeigt werden.

Man teilt 18 durch 5 und erhält den Quotient 3 und den Rest 3. Man teilt darauf den letzten Divisor (5) durch den letzten Rest (3) und erhält den Quotient 1 und den Rest 2. Dieser Vorgang wird so lange fortgesetzt, bis eine Division ohne Rest aufgeht. Im vorliegenden Falle erhält man folgendes Schema

$$
\begin{array}{r}
18 : 5 = 3 \\
15 \\
\hline
5 : 3 = 1 \\
3 \\
\hline
3 : 2 = 1 \\
2 \\
\hline
2 : 1 = 2 \\
2 \\
\hline
0
\end{array}
$$

Man schreibt nun die Quotienten in einer Reihe, und vor ihnen, jedoch in einer Reihe darunter, 1 und 0 und unterhalb dieser 0 und 1, wie in dem folgenden Schema

$$
\begin{array}{cccc}
& 3 \quad 1 \quad 1 \quad 2 \\
1 \quad 0 \\
0 \quad 1
\end{array}
$$

Man multipliziert den ersten Quotienten (3) mit der Zahl, welche links von ihm in der 2. Zeile steht (0), addiert die Zahl, welche links von dieser steht (1) und schreibt das Resultat $3 \cdot 0 + 1 = 1$ unterhalb der 3.

Derselbe Vorgang wird mit dem 2. Quotient 1 eingehalten, so daß unter ihm $1 \cdot 1 + 0 = 1$ geschrieben wird. Dies wird mit allen Quotienten durchgeführt, so daß unter jedem Quotient eine Zahl erscheint. Die Rechnungen werden dann in ähnlicher Weise mit den Quotienten in der 1. Reihe und den Zahlen in der 3. Reihe wiederholt und man erhält das Schema

$$
\begin{array}{ccccccc}
 &   & 3 & 1 & 1 & 2 &   \\
 & 1 & 0 & 1 & 1 & 2 & 5 \\
 & 0 & 1 & 3 & 4 & 7 & 18
\end{array}
$$

Man erkennt in den Zahlen unterhalb des letzten Quotienten Zähler und Nenner des Bruches $\frac{5}{18}$ und in den Zahlen unter dem vorletzten den Näherungsbruch $\frac{2}{7}$, welcher angibt, daß eine Nachbarlücke zur ersten nach 7 Teilbewegungen oder nach ungefähr 2 Umdrehungen des Werkstückes gefräst wird.

Durch Subtrahieren der zwei letzten Zahlen in der 2. Reihe ($5 - 2 = 3$) und in der 3. Reihe ($18 - 7 = 11$) erhält man den Bruch $\frac{3}{11}$, welcher gleichfalls nahe an $\frac{5}{18}$ ist und angibt, daß die Nachbarlücke auf der anderen Seite nach 11 Teilbewegungen gefräst wird, wenn das Werkstück ungefähr 3 Umdrehungen gemacht hat.

Der Teilschritt 5 ist willkürlich gewählt worden; es wäre auch möglich, den Schritt 7 zu wählen. Der Teilschritt kann jedoch nicht 2 oder 3 oder allgemein ein Faktor der Zähnezahl sein. Wenn z. B. jede 2. Lücke geschnitten würde, würde das Werkstück bereits nach 9 Teilbewegungen in die Ausgangsstellung zurückkehren. Der Teilschritt kann gleicherweise nicht 4 oder 8 oder allgemein eine Zahl sein, welche mit der Zähnezahl einen gemeinsamen Faktor hat. Wenn z. B. jede 4. Lücke geschnitten würde, würde das Werkstück wieder nach 9 Teilbewegungen in die ursprüngliche Stellung zurückkehren. Die zu teilende Zahl und der Teilschritt müssen daher relativ prim sein.

III. Einfachteilen.

Alle mittelbaren Teilverfahren hängen von der Schneckenradübersetzung ab, welche gewöhnlich 40 : 1 ist, so daß 40 Umdrehungen der Handkurbel nötig sind, um die Spindel einmal zu drehen. Wenn nur ein Bruchteil einer Umdrehung der Spindel verlangt ist, muß der Handkurbel derselbe Bruchteil von 40 Umdrehungen erteilt werden. Wenn das Werkstück allgemein in n Teile geteilt werden soll, ist die Kurbeldrehung

$$
n_k = \frac{40}{n}. \tag{1}
$$

Die Bezeichnung dieses Verfahrens als Einfachteilen bezieht sich auf seine Einfachheit und drückt nicht einen Gegensatz zu dem im vorhergehenden Abschnitt behandelten Mehrfachteilen aus.

Beispiel 1. Die Zahl 35 soll geteilt werden.

Die Kurbelbewegung ist $\frac{40}{35} = 1\frac{5}{35} = 1\frac{1}{7}$ Umdrehungen. Sowohl die Lochkreise 21 als auch 49 sind geeignet, da beide Zahlen Vielfache von 7 sind. Die Teilbewegung $1\frac{1}{7} = 1\frac{3}{21}$ zum Beispiel würde mittels des Lochkreises 21 ausgeführt werden; der Kurbel wird in diesem Falle eine volle Umdrehung erteilt und sie wird überdies um 3 Löcher entlang des Lochkreises 21 gedreht. Die Teilscheibe wird dabei durch den Haltestift festgehalten.

Es wäre mühsam, bei jeder Teilung die Löcher zu zählen, und die Teilköpfe sind deshalb mit verstellbaren Zeigern (1 und 2 in Abb. 10) ausgerüstet. Die Zeiger werden nach Lockerung der Schraube 3 so eingestellt, daß sie die entsprechende Zahl von Löchern einschließen; die Löcher werden von dem Loch an gerechnet, in welchem sich gerade der Stift befindet, so daß die Zeiger um ein Loch mehr einschließen als durch die Teilbewegung vorgeschrieben ist.

Beispiel 2. Die Zeiger sollen für Beispiel 1 gesetzt werden (Abb. 10).

Die Teilbewegung ist $1\frac{3}{21}$ Umdrehungen der Kurbel. Die Zeiger werden so eingestellt, daß sie 4 Löcher einschließen. Der Zeiger 1 wird so gestellt, daß er den Teilstift im Loch 4 berührt. Beim nächsten Teilvorgang wird der Teilstift aus dem Loch 4 gezogen und die Kurbel einmal im Kreise und außerdem so lange gedreht, bis der Stift vor den Finger 2 gelangt, wo er in das Loch 5 einschnappt. Die Zeiger werden sodann als ein Ganzes so gedreht, daß der Zeiger 1 wieder den Stift berührt, so daß der Vorgang beim nächsten Teilvorgang wiederholt werden kann.

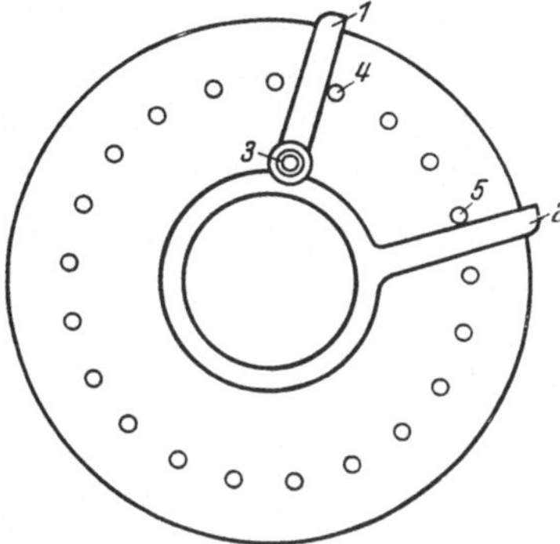

Abb. 10. Stellzeiger des Teilkopfes.

Die Zeiger sind in manchen Ausführungen mit einer Skalenteilung versehen. Die Zeigerstellungen können den Tabellen des Herstellers entnommen werden, was das Zählen der Löcher beim Einstellen unnötig macht. Die Zeigerstellung hängt nicht nur von der Skalenteilung, sondern auch vom Durchmesser des benutzten Teilkreises und vom Lochdurchmesser ab, so daß sie für verschiedene Fabrikate verschieden ist.

Tab. 1 enthält die Kurbelbewegungen für Zahlen bis 50; sie enthält außerdem für jede Zahl ein Beispiel für Mehrfachteilen.

Beispiel 3. Die Zahl 35 soll mittels Mehrfachteilen geteilt werden.

Der Teilschritt möge zum Beispiel 2 gewählt werden; es müssen daher doppelte Teilbewegungen gleich $2 \times \frac{40}{35} = \frac{80}{35} = 2\frac{10}{35} = 2\frac{2}{7} = 2\frac{14}{49}$ ausgeführt werden.

Zahlen über 50, welche durch Einfachteilen erhalten werden können, sind in Tab. 2 enthalten; sie können leicht als diejenigen Zahlen erkannt werden, für welche die letzten 5 Spalten keine Eintragungen haben.

Wenn die Kurbelbewegung gegeben ist und die dadurch erzielte Anzahl von Teilungen bestimmt werden soll, muß Gl. (1) in der umgekehrten Richtung benutzt werden, d.h., 40 muß durch die Kurbelbewegung dividiert werden.

Beispiel 4. Welche Zahl wird durch die kleinstmögliche Kurbelbewegung $\frac{1}{49}$ geteilt?

Durch die Division $40 : \frac{1}{49} = 40 \times 49$ erhält man die Zahl 1960. Diese Zahl ist daher die obere Grenze für Einfachteilen.

IV. Differenzteilen.

Einfachteilen kann für alle Zahlen bis 50, für die durch 5 teilbaren und die geraden Zahlen bis 100 (mit der Ausnahme der Zahl 96) und darüber hinaus für mehrere ungleich verteilte höhere Zahlen angewendet werden; die Intervalle sind jedoch bei den hohen Zahlen beträchtlich.

1 b

Das einfachst auszuführende Verfahren für das Teilen der dazwischenliegenden Zahlen ist das Differenzteilen (fälschlich oft Differentialteilen genannt), welches jede in der Praxis zu erwartende Zahl zu teilen gestattet.

Die Teilscheibe wird beim Differenzteilen nicht durch den Haltestift gesperrt, sondern durch einen Räderzug mit der Teilkopfspindel verbunden. Wenn die Handkurbel gedreht wird, treibt die Spindel die Teilscheibe entsprechend der Anordnung und Anzahl der Zahnräder entweder in derselben oder in der entgegengesetzten Richtung zu derjenigen der Handkurbel. Wenn man auf ein bestimmtes Loch in der sich drehenden Teilscheibe hinzielt, verbindet man unbewußt die Bewegung der Teilscheibe mit der scheinbaren Kurbelbewegung.

Die Zahl 79 z.B. kann nicht durch Einfachteilen erhalten werden, weil kein geeigneter Lochkreis zur Verfügung steht, und diese Zahl möge zur Erklärung des Differenzteilens dienen. Eine Zahl wird gewählt, welche nahe an 79 ist und durch Einfachteilen geteilt werden kann, z.B. 80, wofür die Kurbelbewegung $\frac{40}{80}=\frac{1}{2}=\frac{10}{20}$ ist. Wenn die richtige Kurbelbewegung $\frac{40}{79}$ durch $\frac{10}{20}$ ersetzt und 79mal ausgeführt wird, macht die Handkurbel $79 \times \frac{1}{2} = 39\frac{1}{2}$ Umdrehungen; dies ist um eine halbe Umdrehung weniger als die 40 Umdrehungen, welche notwendig sind, um die Spindel einmal umzudrehen. Es müssen daher zwischen Teilkopfspindel und Teilscheibe Räder vorgesehen werden, welche der Teilscheibe die fehlende halbe Umdrehung erteilen. Da die konstanten Räder das Übersetzungsverhältnis 1 : 1 haben, müssen die Wechselräder das Übersetzungsverhältnis 1 : 2 haben.

Wenn die Zahl 81 geteilt werden soll und wenn in ähnlicher Weise 80 als angenäherte Zahl gewählt wird, macht die Handkurbel während 81 Teilbewegungen von $\frac{10}{20}$ die Anzahl von $81 \times \frac{1}{2} = 40\frac{1}{2}$ Umdrehungen oder $\frac{1}{2}$ Umdrehung mehr als verlangt ist. Es können daher die gleichen Wechselräder wie für das Teilen der Zahl 79 verwendet werden, doch muß die Bewegung der Teilscheibe umgekehrt werden; ein einfaches Mittel dafür ist die Verwendung eines Zwischenrades.

Wenn im allgemeinen die Zahl n geteilt werden soll, wird eine angenäherte Zahl a, größer oder kleiner als n, gewählt und das Übersetzungsverhältnis der Wechselräder ergibt sich als

$$n \frac{40}{a} - 40 = \frac{40}{a} (n - a),$$

wenn a kleiner als n ist, und

$$40 - n \frac{40}{a} = \frac{40}{a} (a - n),$$

wenn a größer als n ist. Wenn die Differenz zwischen a und n ohne Rücksicht auf das Vorzeichen d genannt wird, kann das Übersetzungsverhältnis $\ddot{u}$ der Wechselräder durch eine gemeinsame Gleichung ausgedrückt werden, nämlich

$$\ddot{u} = \frac{40}{a} d. \tag{2}$$

Da $\frac{40}{a}$ die scheinbare Teilbewegung ist, gibt Gl. (2) an, daß das Übersetzungsverhältnis das Produkt der scheinbaren Kurbelbewegung und der Differenz zwischen der zu teilenden und der angenäherten Zahl ist. Beide Faktoren hängen daher von der Wahl einer geeigneten angenäherten Zahl ab.

Um die Wechselräder nicht zu stark zu beanspruchen, soll das Übersetzungsverhältnis nicht größer als 6 sein. Aus Gl. (2) folgt, daß $\frac{40}{a}\,d < 6$ oder daß $\frac{d}{a} < \frac{6}{40} = 0,15$ sein soll.

Wenn $\frac{d}{a}$ durch $\frac{n-a}{a}$ bzw. durch $\frac{a-n}{a}$ ersetzt wird, ergibt sich

$$\frac{1}{1+0,15}\,n < a < \frac{1}{1-0,15}\,n$$

oder

$$0,87\,n < a < 1,17\,n. \qquad (3)$$

Die angenäherte Zahl soll laut Gl. (3) nicht mehr als 13% kleiner oder nicht mehr als 17% größer als die zu teilende Zahl sein.

Wenn die angenäherte Zahl a größer als die zu teilende Zahl n ist und wenn das Übersetzungsverhältnis $\ddot{u}$ durch ein Paar von Wechselrädern erhalten wird, ist ein Zwischenrad erforderlich; wenn a kleiner als n ist, sind 2 Zwischenräder erforderlich. Wenn das Verhältnis $\ddot{u}$ durch eine doppelte Übersetzung erhalten wird, verringert sich in beiden Fällen die Anzahl der Zwischenräder um 1, da die Räder auf dem Zapfen in dieser Hinsicht wie ein Zwischenrad wirken.

Obwohl vom mathematischen Standpunkt die treibenden Räder und in gleicher Weise die getriebenen Räder untereinander vertauscht werden können, ist es ratsam, das größere der treibenden Räder auf der Spindel (D in Abb. 11), das größere getriebene Rad nächst der Teilscheibe (A) und das kleinere treibende und getriebene Rad auf dem Zapfen (B, C) zu ver-

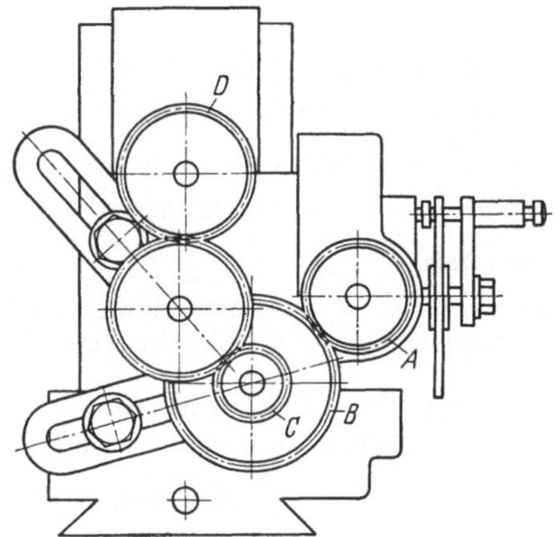

Abb. 11. Anordnung der Wechselräder beim Differenzteilen.

wenden. Es möge ohne Beweis festgestellt werden, daß man durch diese Anordnung Schwierigkeiten beim Aufstecken aus dem Wege geht und daß die Umfangskräfte, welche die Zähne zu übertragen haben, verringert werden.

Tab. 2 enthält die Kurbelbewegungen und Wechselräder für die Zahlen 51 bis 1000. Die Buchstaben A, B, C und D in Tab. 2 geben an, an welchen Stellen in Abb. 11 die Wechselräder aufgesteckt werden sollen.

Um die Angaben für Differenzteilen nachzuprüfen, muß Gl. (2) in einer anderen Form benutzt werden.

$$d = \pm\,(n-a) = \frac{a}{40}\,\ddot{u} \quad \text{oder} \quad n-a = \pm\,\frac{a}{40}\,\ddot{u}, \qquad n = a \pm \frac{a}{40}\,\ddot{u} = \frac{a}{40}\,(40 \pm \ddot{u}).$$

Wenn die scheinbare Kurbelbewegung $\frac{40}{a}$ auch hier n_k genannt wird, ergibt sich

$$n = \frac{40 \pm \ddot{u}}{n_k}. \qquad (4)$$

1 b*

Im Falle eines Zwischenrades wird das Minuszeichen, im Falle zweier Zwischen-räder wird das Pluszeichen verwendet; Räder eines Vierräderzuges auf dem Zapfen sind als ein Zwischenrad anzusehen.

Beispiel 5. Die Angaben für die Zahl 125 in Tab. 2 sollen nachgeprüft werden.

Das Übersetzungsverhältnis ist $\ddot{u} = \dfrac{48 \times 40}{32 \times 64} = \dfrac{15}{16}$ und die scheinbare Teilbewegung ist $n_k = \dfrac{5}{16}$. Wenn man diese Werte und ein Minuszeichen (weil kein Zwischenrad, jedoch Räder auf dem Zapfen verwendet werden) in Gl. (4) einsetzt, erhält man die Zahl

$$\left(40 - \frac{15}{16}\right) : \frac{5}{16} = \frac{640 - 15}{15} : \frac{5}{16} = \frac{625 \times 16}{16 \times 5} = 125.$$

Gl. (2) gibt bloß eine Bedingung an, welche die angenäherte Zahl a erfüllen muß; die Zahl a selbst muß durch Versuche gefunden werden. Darin besteht je nach der persönlichen Einstellung die Schwierigkeit oder der Reiz des Differenz-teilens. Es soll an Hand von Beispielen von steigernder Schwierigkeit gezeigt werden, wie man bei der Suche vorgehen kann.

Beispiel 6. Die Zahl 127 soll geteilt werden.

Die angenäherte Zahl soll zwischen $0{,}87 \times 127 \sim 111$ und $1{,}17 \times 127 \sim 149$ liegen. Bereits die nächsthöhere ganze Zahl $a = 128$, für welche die Kurbelbewegung $\dfrac{40}{128} = \dfrac{5}{16}$ ist und welche sich von 127 um $d = 1$ unterscheidet, ist geeignet, da das Übersetzungs-verhältnis $\ddot{u} = \dfrac{5}{16} \times 1 = \dfrac{5}{16}$ durch den Räderzug $\dfrac{40 \times 28}{64 \times 56} = \dfrac{5 \times 1}{8 \times 2} = \dfrac{5}{16}$ verwirklicht werden kann. Da 128 größer als die zu teilende Zahl ist und Räder auf dem Zwischenzapfen verwendet werden, ist kein Zwischenrad zu verwenden.

Für niedrige Zahlen n kann eine angenäherte Zahl a im allgemeinen so leicht wie im Beispiel 6 gefunden werden; bei vielen höheren Zahlen stellen sich jedoch Schwierigkeiten ein. Im Beispiel 6 ist die scheinbare Teilbewegung $\dfrac{40}{128}$ zu $\dfrac{5}{16}$ gekürzt worden. Durch das Kürzen eines Bruches $\dfrac{40}{n}$ muß offensichtlich ein Bruch entstehen, dessen Zähler ein Faktor von 40, also 1, 2, 4, 5, 8, 10 oder 20 ist. Scheinbare Kurbelbewegungen wie $\dfrac{3}{16}$, $\dfrac{7}{27}$ usw. können sich daher bei dem im Beispiel 6 gezeigten Vorgang nicht ergeben; es besteht jedoch kein Grund, solche Kurbelbewegungen auszuschließen. Teilbewegungen wie $\dfrac{3}{15} = \dfrac{1}{5}$ oder $\dfrac{14}{49} = \dfrac{2}{7}$ usw. sind jedoch wie Brüche mit den Zählern 1, 2 usw. zu betrachten.

Beispiel 7. Die Zahl 679 soll geteilt werden.

Es gibt keine ganze Zahl zwischen 590 und 799 [aus Gl. (3) erhalten], welche sich als angenäherte Zahl eignet; es mögen scheinbare Kurbelbewegungen untersucht werden, für welche der Zähler 3 ist. Der Nenner x muß die Bedingung

$$\frac{40}{590} > \frac{3}{x} > \frac{40}{799} \quad \text{oder} \quad \frac{3 \times 590}{40} < x < \frac{3 \times 799}{40} \quad \text{oder} \quad 44 < x < 60$$

erfüllen. Es brauchen daher nur die Brüche $\dfrac{3}{47}$ und $\dfrac{3}{49}$ in Betracht gezogen zu werden.

Wenn eine andere Zahl als 3, welche kein Faktor von 40 ist, als Zähler versucht wird, ergibt sich als Nenner stets eine größere Zahl als die größte Lochzahl 49; ein anderer Zähler als 3 kommt daher nicht in Frage. Die Zahl, welche durch die Kurbelbewegung $\frac{3}{49}$ geteilt wird, ist $a = 40 \times \frac{49}{3} = \frac{1960}{3} = 653\frac{1}{3}$. Wenn diese Zahl als angenäherte Zahl gewählt wird, ist die Differenz $d = 679 - 653\frac{1}{3} = 25\frac{2}{3} = \frac{77}{3}$ und das Übersetzungsverhältnis der Wechselräder ist $\frac{3}{49} \times \frac{77}{3} = \frac{11}{7}$, welches durch den Räderzug $\frac{44}{28}$ verwirklicht werden kann. Zwei Zwischenräder werden benötigt.

Im Falle des Beispiels 7 ergab sich für die scheinbare Kurbelbewegung nur die Wahl zwischen 2 Brüchen. Je höher die zu teilende Zahl ist, desto kleiner sind die Aussichten, eine geeignete Zahl a durch den geschilderten Vorgang zu finden, und eine Grenze wird bei der Zahl 751 erreicht. Für die Zahl $n = 752$ z. B. sollte nämlich die angenäherte Zahl größer als $0{,}87 \times 752 \sim 654$ sein; der Bruch $\frac{40}{654}$ ist gleichwertig mit $\frac{3}{49{,}05}$ und der Nenner dieses Bruches ist bereits jenseits der verfügbaren Lochreihen.

Für manche Zahlen n kann eine geeignete angenäherte Zahl auch durch den in Beispiel 7 gezeigten Vorgang nicht gefunden werden. Es wird meistens angenommen, daß solche Zahlen nur mittels besonderer Wechselräder geteilt werden können. Dies ist jedoch nur der Weg des geringsten Widerstandes, und es wird sich zeigen, daß die meisten dieser Zahlen auch mittels des üblichen Satzes von Wechselrädern geteilt werden können.

Beispiel 8. Die Zahl 503 soll geteilt werden.

Weder eine ganze noch eine gemischte Zahl erfüllt die zwei Bedingungen für die angenäherte Zahl, daß sie durch Einfachteilen geteilt werden kann und daß entweder das Verhältnis $40 \times \frac{503 - a}{a}$ oder das Verhältnis $40\frac{a - 503}{a}$ durch die vorhandenen Wechselräder ausgedrückt werden kann. Unter Vernachlässigung der ersten Bedingung möge eine ganze Zahl gefunden werden, welche nur die zweite Bedingung erfüllt. Die Zahl $a = 528$ ist eine solche Zahl, da das Verhältnis $40 \times \frac{528 - 503}{528} = \frac{40 \times 25}{48 \times 11} = \frac{40 \times 100}{48 \times 44}$ durch die üblichen Zähnezahlen ausgedrückt werden kann. Die Kurbelbewegung für 528 ist $\frac{40}{528} = \frac{5}{66}$ und kann nicht ausgeführt werden, weil ein Kreis mit 66 Löchern nicht vorhanden ist. Der Bruch $\frac{5}{66} = \frac{1}{2} \times \frac{5}{33}$ gibt an, daß die Hälfte der ausführbaren Kurbelbewegung $\frac{5}{33}$ verlangt ist. Wenn daher die Teilbewegung $\frac{5}{66}$ durch $\frac{5}{33}$ ersetzt wird, wird die Spindel doppelt so viel gedreht als erforderlich ist, was im Falle eines Zahnrades einem Block von 2 Zähnen entspricht. Die oben angegebenen Wechselräder (ohne Zwischenräder) und die scheinbare Kurbelbewegung $\frac{5}{33}$ ermöglichen daher die Zahl 503 in Schritten von 2 zu teilen; das Werkstück macht dabei 2 Umdrehungen.

Wenn eine andere Zahl als eine Primzahl auf diese Weise geteilt wird, muß man beachten, daß der Teilschritt und die zu teilende Zahl relativ prim sind. Im Falle von $n = 459$ ($= 3 \times 153$) kann der Teilschritt nicht 3 oder ein Vielfaches von 3 sein; der Teilschritt 2 in Tab. 2 ist jedoch einwandfrei.

Wenn es nicht möglich ist, eine ganze Zahl a wie im Beispiel 8 zu finden, ist der nächste Schritt, eine geeignete gemischte Zahl dafür zu finden.

Beispiel 9. Die Zahl 701 soll geteilt werden.

Es gibt weder eine ganze noch eine gemischte Zahl, welche beide Bedingungen für die angenäherte Zahl a erfüllt, und es gibt auch keine ganze Zahl a, für welche bloß das Verhältnis $40 \times \dfrac{701 - a}{a}$ oder $40 \times \dfrac{a - 701}{a}$ durch die üblichen Wechselräder verwirklicht werden kann. Ähnlich wie im Beispiel 7 soll ein Bruch für die scheinbare Kurbelbewegung gefunden werden, welcher als Zähler eine Zahl hat, welche nicht ein Faktor von 40 ist, und welcher als Nenner eine der vorhandenen Lochreihen der Teilscheiben hat. Der Bruch muß nahe an $\dfrac{40 \cdot s}{701}$ (innerhalb der Grenzen $\pm 15\%$) sein, worin s den Schritt beim Mehrfachteilen bedeutet. Wenn $s = 2$, 3 usw. versucht werden, findet man erst bei $s = 8$ einen geeigneten Bruch. Für diesen Teilschritt gibt es zahlreiche Brüche, welche nahe an $\dfrac{40 \times 8}{701} = \dfrac{320}{701}$ sind, zum Beispiel $\dfrac{7}{15}$, $\dfrac{7}{16}$ usw., welche man leicht mittels eines Rechenschiebers bestimmen kann. Der Bruch $\dfrac{13}{27}$ unter ihnen eignet sich für den vorliegenden Zweck. Die Zahl, welche durch die Kurbelbewegung $\dfrac{13}{27}$ geteilt wird, ist $a = 40 \times \dfrac{27}{13} = 83 \dfrac{1}{13}$.

Teilen der Zahl 701 in Schritten von 8 ist gleichbedeutend mit Teilen der Zahl $\dfrac{701}{8} = 87 \dfrac{5}{8}$.

Die Differenz zwischen $n = 87 \dfrac{5}{8}$ und $a = 83 \dfrac{1}{13}$ ist $4 \dfrac{5}{8} - \dfrac{1}{13} = \dfrac{37}{8} - \dfrac{1}{13} = \dfrac{481 - 8}{8 \times 13} = \dfrac{473}{8 \times 13} = \dfrac{11 \times 43}{8 \times 13}$. Das Produkt von $\dfrac{11 \times 43}{8 \times 13}$ und der scheinbaren Kurbelbewegung $\dfrac{13}{27}$ ist $\dfrac{11 \times 43 \times 13}{8 \times 13 \times 27} = \dfrac{11 \times 43}{8 \times 27} = \dfrac{44 \times 86}{24 \times 72}$ und ist somit ein Übersetzungsverhältnis, welches durch die üblichen Wechselräder ausgedrückt werden kann.

Den Beispielen 6 bis 9 liegt das folgende Prinzip zugrunde: Im Beispiel 6 ist n die verlangte ganze Zahl, und eine ganze Zahl wird als a gewählt. Im Beispiel 7 ist n die verlangte ganze Zahl, während für a eine gemischte Zahl gewählt wird. Im Beispiel 8 wird durch die Anwendung des Mehrfachteilens n künstlich in eine gemischte Zahl umgewandelt und für a wird eine ganze Zahl gewählt. Im Beispiel 9 sind sowohl n als auch a gemischte Zahlen.

Das im letzten Beispiel angewendete Verfahren ist langwieriger als das der vorhergehenden Beispiele, weil eine gewisse Freiheit in der Wahl des Teilschrittes und der scheinbaren Kurbelbewegung zahlreiche Versuche erfordert. Aber selbst dieses Verfahren, welches auf der breitesten Grundlage steht, ist keine Garantie für Erfolg. Unterhalb von 1000 verbleiben jedoch nur die praktisch unbedeutenden Zahlen 787 und 877, für welche die normale Ausrüstung des Teilkopfes nicht ausreicht. Wenn diese Zahlen geteilt werden sollen, ist der einfachste Weg, besondere Wechselräder zu beschaffen.

Die Zähnezahlen des normalen Wechselrädersatzes sind durch die Primzahlen 2, 3, 5, 7, 11 und 43 teilbar (z. B. $56 = 2 \times 2 \times 2 \times 7$). Es ist daher zweckmäßig, etwa 26 oder 34 als Sonderrad zu wählen, welche die weiteren Primzahlen 13 und 17 einführen. Das Rad 26, welches den Zahlen 787 und 877 in Tab. 2 zugrunde liegt, gestattet nicht nur das Teilen dieser zwei Zahlen, sondern vereinfacht auch das Teilen vieler anderer Zahlen.

Es möge jedoch angenommen werden, daß ein Sonderrad nicht vorhanden ist und daß man sich mit einer Annäherung begnügen will. Die vorausgehenden Beispiele haben gezeigt, daß die Hauptaufgabe darin besteht, ein verlangtes Übersetzungsverhältnis durch Wechselräder auszudrücken. Ein späterer Abschnitt ist dem Spiralfräsen gewidmet, und es sei bereits hier bemerkt, daß die gleichen Wechselräder beiden Zwecken dienen.

Die später zu besprechende Tab. 9 kann daher auch für den vorliegenden Zweck in der folgenden Weise benutzt werden. Die Räder, welche dort in Spalte (A) angeführt sind, mögen an derselben Stelle aufgesteckt gedacht sein wie die Räder A in Tab. 2; dasselbe gilt für die mit (B), (C) und (D) bezeichneten Räder. Der erste Wert in Tab. 9 entspricht dem Verhältnisse $\frac{24 \times 24}{86 \times 100} = 0,067$, und der entsprechende Wert 13,40 in der Spalte ,,Steigung in mm'' wird durch Multiplizieren von 0,067 mit 200 erhalten, wie später nachgewiesen werden wird. Wenn man sich in dieser Spalte den Dezimalpunkt um zwei Stellen nach links verschoben und den Wert halbiert vorstellt, stellt Tab. 9 eine Liste aller erzielbaren Übersetzungsverhältnisse dar, so daß es leicht ist, den nächsten Wert zu einem verlangten Übersetzungsverhältnisse zu bestimmen.

Beispiel 10. Die Zahl 877 soll mittels der normalen Wechselräder geteilt werden.

Da keine der früher beschriebenen Verfahren zu einem Resultat führen, soll eine Annäherung gefunden werden. Die genaue Kurbelbewegung sollte $\frac{40}{877}$ sein, und man kann mittels eines Rechenschiebers finden, daß für die scheinbare Kurbelbewegung $\frac{1}{20}$, $\frac{1}{21}$, $\frac{1}{23}$, $\frac{2}{39}$, $\frac{2}{41}$, $\frac{2}{43}$, $\frac{2}{47}$ und $\frac{2}{49}$ in Frage kommen, welche innerhalb der bekannten Grenzen nahe an $\frac{40}{877}$ sind. Die scheinbare Kurbelbewegung $\frac{1}{23}$, durch welche die angenäherte Zahl $40 \times \frac{23}{1} = 920$ geteilt wird (um 43 größer als 877) würde ein Übersetzungsverhältnis der Wechselräder von $\frac{43}{23} = 1,8696$ erfordern. Das Ersatzübersetzungsverhältnis $\frac{72 \times 64}{44 \times 56} = \frac{144}{77} = 1,8701$ (in Tab. 9 durch die Steigung 374,03, bzw. durch $\frac{374,03}{200}$ offenbart), ohne Benutzung von Zwischenrädern, ermöglicht das Teilen in 876,987 Teile. Der Fehler ist $\frac{0,013}{877}$ oder 0,015 je 1000. Um sich eine Vorstellung über die Größe dieses Fehlers zu machen, möge angenommen werden, daß ein Rad mit 877 Zähnen, Modul 1 (Teilung 3,14 mm) auf diese Weise gefräst wird. Der Teilungsfehler würde 0,00005 mm betragen und selbst der Fehler zwischen der zuerst und zuletzt gefrästen Zahnlücke, wo 876 Fehler angehäuft sind, wäre bloß 0,04 mm.

Man könnte noch bessere Annäherungen erhalten, wenn man das zu untersuchende Gebiet durch den Einschluß des Mehrfachteilens erweitert. Durch die Annahme z. B. des Teilschrittes 2 erhält man die zusätzlichen scheinbaren Kurbelbewegungen $\frac{2}{21}$, $\frac{2}{23}$, $\frac{3}{29}$, $\frac{3}{31}$, $\frac{3}{33}$, $\frac{4}{39}$, $\frac{4}{41}$, $\frac{4}{43}$, $\frac{4}{47}$, $\frac{4}{49}$ und $\frac{5}{49}$, welche in den bekannten Grenzen nahe an $\frac{40 \times 2}{877} = \frac{80}{877}$ liegen.

Obwohl im Abschnitt II gewisse Vorteile des Mehrfachteilens angegeben worden sind, möge angenommen werden, daß aus irgendeinem Grunde verlangt wird, daß die Lücken in ihrer natürlichen Reihenfolge gefräst werden, daß jedoch Tab. 2 für die betreffende Zähnezahl einen Fall des Mehrfachteilens angibt. Dies kann durch eine Vergrößerung des Teilschrittes erzielt werden, was zunächst paradox erscheinen mag.

Beispiel 11. Die Zahl 383 soll in natürlicher Reihenfolge geteilt werden.

Tab. 2 gibt für diese Zahl die scheinbare Kurbelbewegung $\frac{13}{33}$, den Wechselräderzug

$\ddot{u} = \dfrac{86 \times 28}{24 \times 44}$ (ohne Zwischenräder) und den Teilschritt 4 an. Um zu bestimmen, wann eine Nachbarlücke zur ersten erreicht wird, wird der Bruch $\dfrac{4}{383}$ mittels Kettenbrüche durch $\dfrac{1}{96}$ ersetzt. Dieser Bruch gibt an, daß dies nach 96 $\left(\text{Nenner von } \dfrac{1}{96}\right)$ Teiloperationen oder nach ungefähr 1 $\left(\text{Zähler von } \dfrac{1}{96}\right)$ Umdrehung des Werkstückes der Fall ist. Die Probe $96 \times 4 = 384$ bestätigt, daß die 96. Lücke vor die erste zu liegen kommt. Um die Lücken in der natürlichen Reihenfolge zu fräsen, ist es somit notwendig, 96 Kurbelbewegungen von $\dfrac{13}{33}$ oder $\dfrac{96 \times 13}{33} = \dfrac{1248}{33} = 37\dfrac{27}{33}$ Kurbelumdrehungen zu machen.

Tab. 3 enthält die Angaben für das aufeinanderfolgende Teilen derjenigen Zahlen, für welche Tab. 2 Mehrfachteilen vorsieht. In manchen Fällen (z. B. beim Teilen der Zahl 802) muß die Kurbel mehr als 200mal bei jeder Teiloperation gedreht werden. Man sollte sich jedoch vergegenwärtigen, daß es sich dabei um ungewöhnlich hohe Zahlen handelt, von welchen man im allgemeinen annimmt, daß für sie die normale Ausrüstung des Teilkopfes nicht ausreicht, und daß dabei die erschwerende Bedingung gestellt ist, daß das Teilen in der natürlichen Reihenfolge erfolgt.

Da das Differenzteilen so viele unerwartete Möglichkeiten mit sich bringt, taucht unwillkürlich die Frage nach seiner oberen Grenze auf. Es ist im Beispiel 4 gefunden worden, daß 1960 die höchste Zahl ist, welche durch Einfachteilen erhalten werden kann. Diese Zahl ist daher die höchste angenäherte Zahl und gestattet Differenzteilen von Zahlen bis $1{,}15 \times 1960 = 2254$. Die Zahl 2254 bildet daher die obere Grenze für Differenzteilen, wenn man sich auf die natürliche Reihenfolge beschränkt. Mehrfachteilen gestattet jedoch das Teilen von vielen höheren Zahlen.

Beispiel 12. Die Richtigkeit der Angaben für das Teilen der Zahl 7565 soll geprüft werden: Scheinbare Kurbelbewegung $\dfrac{1}{17}$; Wechselräderzug $\dfrac{56 \times 40}{24 \times 32}$; kein Zwischenrad; Teilschritt 12.

Das Verhältnis $\ddot{u} = \dfrac{56 \times 40}{24 \times 32} = \dfrac{7 \times 5}{3 \times 4} = \dfrac{35}{12}$. Da Räder auf dem Zapfen ohne Zwischenräder verwendet werden, wird das Minuszeichen in Gl. (4) verwendet.

$$n = \left(40 - \dfrac{35}{12}\right) : \dfrac{1}{17} = \dfrac{(40 \times 12) - 35}{12} : \dfrac{1}{17} = \dfrac{445 \times 17}{12} = \dfrac{7565}{12}.$$ Da 7565 und 12 keinen gemeinsamen Faktor haben, ist das Teilen von $\dfrac{7565}{12}$ gleichbedeutend mit dem Teilen von 7565 in Schritten von 12.

Beispiel 12 gibt einen Anhaltspunkt, wie man die wirkliche Grenze des Differenzteilens finden kann. Wenn das Übersetzungsverhältnis $\ddot{u}$ so gekürzt wird, daß Zähler und Nenner des Bruches relativ prim sind, müssen Zähler und Nenner so groß als möglich sein; da der Nenner (12 in Beispiel 12) einen größeren Einfluß als der Zähler (35) hat, muß der Nenner die größere der zwei Zahlen sein; in Gl. (4) muß das Pluszeichen verwendet werden; der Lochkreis (17) muß so groß als möglich und außerdem relativ prim mit dem Nenner des Wechselräder-Übersetzungsverhältnisses (12) sein.

Das Übersetzungsverhältnis, welches die obigen Bedingungen erfüllt, ist $\dfrac{64 \times 72}{100 \times 86} = \dfrac{8 \times 72}{25 \times 43} = \dfrac{576}{1075}$. Da Räder auf dem Zapfen verwendet werden, muß ein Zwischenrad verwendet werden, um das Pluszeichen in Gl. (4) anwenden zu können. Der Lochkreis 49 muß verwendet werden und die Kurbelbewegung möge $\frac{1}{49}$ sein. Die Zahl, welche derart geteilt wird, ist $\left(40 + \frac{576}{1075}\right) : \frac{1}{49} = \frac{(40 \times 1075) + 576}{1075}$ $: \frac{1}{49} = \frac{43\,576 \times 49}{1075} = \frac{2\,135\,224}{1075}$. Das Teilen dieser Zahl ist gleichbedeutend mit dem Teilen der Zahl 2\,135\,224 in Schritten von 1075 und die Zahl 2\,135\,224 ist somit die obere Grenze des Differenzteilens.

Wenn derartig hohe Zahlen geteilt werden sollen, ist es nur ausnahmsweise möglich, genaue Resultate zu erzielen, und der Rechnungsgang ist verwickelt. Die Berechnung ist jedoch verhältnismäßig einfach, wenn man sich mit einer Annäherung begnügt.

Beispiel 13. Ein Werkstück soll in ungefähr 1\,296\,000 Teile geteilt werden (360 Grade = 1\,296\,000 Sekunden).

Der Nenner des Bruches $\ddot{u}$ möge x und der Lochkreis y genannt werden. Wenn der Zähler des Bruches $\ddot{u}$ für den Anfang vernachlässigt wird, besteht analog zu Beispiel 12 die Bedingung $40\,xy = 1\,296\,000$ oder $xy = \frac{1\,296\,000}{40} = 32\,400$. Ein möglicher und geeigneter Wert für x ist zum Beispiel 700 und y möge 47 gewählt werden. Da das Produkt $700 \times 47 = 32\,900$ größer als der verlangte Wert 32\,400 ist, muß ein geeigneter Zähler des Bruches $\ddot{u}$ gefunden und in Gl. (4) das Minuszeichen verwendet werden.

Man findet nach einigen Versuchen: Scheinbare Kurbelbewegung $\frac{1}{47}$; Übersetzungsverhältnis der Wechselräder $\frac{86 \times 44}{56 \times 100} = \frac{43 \times 11}{7 \times 100} = \frac{473}{700}$; kein Zwischenrad; Teilschritt 700. Die Anzahl der tatsächlichen Teilungen ist $\left(40 - \frac{473}{700}\right) : \frac{1}{47} = \frac{(40 \times 700) - 473}{700} : \frac{1}{47} = \frac{27\,527 \times 47}{700} = \frac{1\,293\,769}{700}$ oder 1\,293\,769 Teilungen in Schritten von 700. Diese Zahl unterscheidet sich von 1\,296\,000 um 2231 und der Fehler ist weniger als 2 je 1000; die Teilungen würden 1,002 Sekunden entsprechen.

Wenn Beispiel 13 für das Teilen in der natürlichen Reihenfolge verwendet werden sollte oder wenn das Werkstück um ungefähr 1 Sekunde gedreht werden sollte, würde man mittels Kettenbrüche die Annäherung $\frac{53\,599}{29}$ für $\frac{1\,293\,769}{700}$ bestimmen. Der Bruch $\frac{53\,599}{29}$ gibt an, daß 53\,599 Teiloperationen zu einer Kurbelbewegung von $\frac{53\,599}{47} = 1140\frac{19}{47}$ Umdrehungen verbunden werden müssen! Die Zahl 29 gibt an, daß das Werkstück ungefähr 29mal oder genauer um 1,002 Sekunden weniger als 29 volle Umdrehungen gedreht wird.

Das letzte Beispiel hat bloß theoretischen Wert und macht es klar, daß das Teilen höherer Zahlen als 2254 für Werkstattgebrauch kaum in Frage kommt.

V. Verbundteilen.

Verbundteilen ist ein weiteres Verfahren, welches es gestattet, Zahlen zu teilen, welche durch Einfachteilen nicht erhalten werden können. Wenn sowohl Verbundteilen als auch Differenzteilen angewendet werden kann, ist das letztere Verfahren überlegen und Verbundteilen hat daher stark an Bedeutung verloren; es verdient aber trotzdem eine eingehende Behandlung, besonders da es das Teilen in vielen Fällen ermöglicht, in welchen Differenzteilen versagt.

Ähnlich wie beim Differenzteilen wird auch beim Verbundteilen die Kurbelbewegung mit einer Bewegung der Teilscheibe verbunden. Während jedoch beim Differenzteilen die Teilscheibe automatisch durch den Teilkopf bewegt wird, muß sie beim Verbundteilen von Hand gedreht werden; das Verbundteilen erfordert daher besondere Aufmerksamkeit.

Es möge angenommen werden, daß die Handkurbel um eine gewisse Anzahl von Löchern im Lochkreise 15 gedreht wird; die Kurbelbewegung möge $\frac{a}{15}$ genannt werden. Der Haltestift (9 in Abb. 2) möge in ein Loch des Lochkreises 20 eingreifen. Nachdem die Bewegung $\frac{a}{15}$ mit der Handkurbel ausgeführt worden ist und der Teilstift in ein Loch des Kreises 15 eingesprungen ist, möge der Haltestift aus der Lochscheibe gezogen werden und die Lochscheibe um eine gewisse Zahl von Löchern im Lochkreise 20 gedreht werden; diese Bewegung möge $\frac{b}{20}$ genannt werden. Die Handkurbel hat dann beide Bewegungen ausgeführt, und zwar $\left(\frac{a}{15}+\frac{b}{20}\right)$, wenn beide Bewegungen in der gleichen, oder $\left(\frac{a}{15}-\frac{b}{20}\right)$, wenn sie in entgegengesetzten Richtungen ausgeführt worden sind.

Da $\left(\frac{a}{15}\pm\frac{b}{20}\right)=\frac{4a\pm 3b}{60}$ ist, gestattet die doppelte oder Verbundbewegung dieselben Resultate wie ein ideeller Lochkreis mit 60 Löchern; die ideelle Anzahl von Löchern ist im allgemeinen das kleinste gemeinsame Vielfache der Anzahl der Löcher der benutzten Lochkreise. Verbundteilen ist daher im wesentlichen ein Einfachteilen mittels einiger zusätzlicher Lochkreise.

Es soll zunächst gezeigt werden, wie Lösungen einer Gleichung 1. Grades mit zwei Unbekannten gefunden werden können, eine Rechenaufgabe, welche sich in jedem Falle von Verbundteilen ergibt. Die Gleichung möge $9x + 26y = 96$ sein. Diese Gleichung hat eine unendliche Anzahl von Lösungen; es genügt jedoch für den vorliegenden Zweck irgendeine Lösung zu finden, für welche sowohl x als auch y ganze Zahlen sind.

Die Gleichung wird zunächst nach x aufgelöst oder im allgemeinen nach der Unbekannten mit dem kleineren Koeffizienten (9).

$$x = -2y + 10 + \frac{-8y+6}{9}.$$

Wenn man $a = \frac{-8y+6}{9}$ einsetzt, erhält man eine weitere Gleichung mit zwei Unbekannten, jedoch mit kleineren Koeffizienten; diese wird nach y aufgelöst.

$$y = -a + \frac{-a+6}{8}.$$

Durch die Substitution $b = \frac{-a+6}{8}$ erhält man die noch einfachere Gleichung $a + 8b = 6$, welche nach a aufgelöst $a = -8b + 6$ ohne einen Restbruch ergibt. Wenn man zurückkehrt, erhält man $y = -a + b = -(-8b + 6) + b = 8b - 6 + b = 9b - 6$ und in ähnlicher Weise $x = -2(9b - 6) + 10 + a = -18b + 12 + 10 - 8b + 6 = -26b + 28.$

Jede ganze Zahl b macht x und y zu ganzen Zahlen. Wenn z.B. $b = 1$ gewählt wird, erhält man

$$x = -26 + 28 = 2, \quad y = 9 - 6 = 3.$$

Die Aufgabe möge nun sein, die Zahl 51 zu teilen. Die Kurbelbewegung $\frac{40}{51}$ kann nicht durch Einfachteilen ausgeführt werden, weil kein geeigneter Lochkreis vorhanden ist. Die Zahl 51 ist jedoch das Produkt aus 3 und 17, und eine der Lochscheiben enthält die Lochkreise 18 (oder 15) und 17, deren kleinstes gemeinsames Vielfaches $18 \times 17 = 306 = 6 \times 51$ ist.

Da $\frac{40}{51} = \frac{40}{17 \times 3} = \frac{240}{17 \times 18} = \frac{240}{306}$ ist oder da die Zahl 51 mittels eines ideellen Lochkreises 306 geteilt werden kann, ist es bloß nötig, den Bruch $\frac{240}{17 \times 18}$ in zwei Partialbrüche mit den Nennern 17 und 18 zu zerlegen.

$$\frac{x}{18} + \frac{y}{17} = \frac{240}{17 \times 18} \text{ oder } 17x + 18y = 240.$$

Wenn man diese Gleichung in der oben gezeigten Weise löst, erhält man

$$\frac{40}{51} = \frac{240}{17 \times 18} = \frac{12}{18} + \frac{2}{17}.$$

Es ist vom mathematischen Standpunkt unwesentlich, welche Bewegung der Handkurbel und welche der Teilscheibe erteilt wird; es ist aus praktischen Gründen einfacher, die Bewegung mit dem größeren Zähler $\left(\frac{12}{18}\right)$ mit der Handkurbel auszuführen, weil die Zeiger das Zählen der Löcher unnötig machen. Man wird daher die Kurbel um 12 Löcher im Lochkreise 18 und die Teilscheibe um 2 Löcher im Lochkreise 17 drehen, und zwar beide Bewegungen in der gleichen Richtung. Es ist dabei vorausgesetzt, daß der Haltestift radial verstellt werden kann, so daß er mit jedem Lochkreis zusammenarbeiten kann. Wenn der Teilkopf diese Einstellung nicht zuläßt und der Haltestift vielmehr eine Stellung einnimmt, wo er nur in die Löcher eines einzigen Lochkreises eingreifen kann, ist der Anwendungsbereich des Verbundteilens eingeschränkt.

Beispiel 14. Die Zahl 63 soll geteilt werden.

Da $63 = 9 \times 7$ ist, müssen die Lochkreise 27 und 21 verwendet werden. Es gibt jedoch keine Lösung für

$$\frac{x}{27} + \frac{y}{21} = \frac{40}{63},$$

wo sowohl x als auch y positive ganze Zahlen sind. Die Lösung $\frac{21}{27} - \frac{3}{21} = \frac{40}{63}$ zum Beispiel würde zwei Teilbewegungen in entgegengesetzten Richtungen verlangen; dies soll jedoch vermieden werden, da das unvermeidliche Zähnespiel der Zahnräder die Genauigkeit der Teilungen herabsetzen würde. Das Vielfachteilen ist ein einfaches Mittel, Bewegungen in entgegengesetzten Richtungen zu vermeiden. Wenn zum Beispiel der Teilschritt 2 gewählt wird, ist die doppelte Kurbelbewegung $2 \times \left(\frac{21}{27} - \frac{3}{21}\right) = \frac{42}{27} - \frac{6}{21} = 1 + \frac{15}{27} - \frac{6}{21} = \frac{15}{27} + \frac{15}{21}$, was durch Bewegungen der Handkurbel und Teilscheibe in der gleichen Richtung erzielt wird.

Es ist dargelegt worden, daß der Teilschritt nicht ein Faktor der zu teilenden Zahl sein darf. Wenn im Beispiele 14 der Schritt 3 gewählt würde, wäre die 3fache Kurbelbewegung $3 \times \left(\frac{21}{27} - \frac{3}{21}\right) = \frac{7}{3} - \frac{3}{7} = \frac{49 - 9}{21} = \frac{40}{21}$ oder die Kurbelbewegung für die Zahl 21. Dies ist nicht überraschend, da das Teilen von 63 in Schritten von 3 tatsächlich ein Teilen in 21 Teile darstellt. Es ist jedoch möglich und sogar

vorteilhaft, beim Verbundteilen solche sonst verpönte Schritte zu machen, vorausgesetzt, daß sie in geeigneter Weise mit richtigen Schritten verbunden werden.

Beispiel 15. Das Werkstück soll durch kombiniertes Einfach- und Verbundteilen in
63 Teile geteilt werden.

Die ersten 20 Teiloperationen werden in Schritten von 3 geteilt, als ob das Werkstück
in 21 Teile geteilt werden sollte. Die Bewegung $\frac{40}{21} = 1\frac{19}{21}$ wird durch die Handkurbel allein
ausgeführt. Die 21. Teiloperation wird als ein doppelter Schritt ausgeführt und die entsprechende Teilbewegung $\frac{15}{27} + \frac{15}{21}$ ist im Beispiele 14 gefunden worden. Durch diese Teiloperation gelangt das Werkstück in die Lage, wo eine Lücke hinter der ersten gefräst wird.
Die nächsten 20 Teiloperationen sind wieder 3fach; dann folgt ein doppelter Schritt und
die restlichen Teiloperationen sind wieder 3fach.

Das Teilen auf die im Beispiele 15 beschriebene Art verlangt mehr Aufmerksamkeit als die mechanische Wiederholung des Verbundteilens im Beispiele 14;
die Teiloperationen selbst sind jedoch einfacher, da es (im Beispiele 15) nur 2mal
nötig ist, Verbundteilen anzuwenden.

Wie das Beispiel mit der Zahl 51 gezeigt hat, hängt die Möglichkeit des Verbundteilens davon ab, ob sich die zu teilende Zahl in zwei Faktoren zerlegen läßt
welche auch Faktoren zweier Lochanzahlen von Kreisen auf derselben Teilscheibe
sind. Die Zahl 119 ($= 17 \times 7$) kann nicht auf diese Weise geteilt werden, da der
Lochkreis 17 auf einer, die Lochkreise 21 und 49 jedoch auf anderen Teilscheiben
untergebracht sind. Es ist aus dem gleichen Grunde unmöglich, auf diese Weise
Primzahlen zu teilen, welche größer als 49 sind. Verbundteilen gestattet jedoch
in solchen Fällen gute Annäherungen.

Die Aufgabe möge sein, die Zahl 53 zu teilen. Der Bruch $\frac{40}{53}$ kann nicht in
Partialbrüche zerlegt werden und ebensowenig kann die c-fache Kurbelbewegung
$\frac{40\,c}{53}$ genau ausgeführt werden, worin c einen Schritt des Mehrfachteilens bedeutet;
Mehrfachteilen ist trotzdem ein Mittel, eine gute Annäherung zu erzielen.

Wenn $\frac{40\,c}{53}$ durch $\frac{a}{b}$ ersetzt wird, beträgt der Fehler

$$\frac{40\,c}{53} - \frac{a}{b} = \frac{40\,b\,c - 53\,a}{53\,b}.$$

Wenn der Fehler zu einem Minimum reduziert werden soll, muß der Nenner
$53\,b$ so groß als möglich und der Zähler ($40\,b\,c - 53\,a$) so klein als möglich sein.
Die erste Bedingung führt zur Anwendung des Lochkreises mit der größten Lochzahl (49). Da man jedoch durch Verbundteilen mittels der Lochkreise 47 und 49
die gleichen Resultate wie durch Einfachteilen mittels eines ideellen Kreises mit
$b = 47 \times 49 = 2303$ Löchern erhalten kann, gestattet Verbundteilen mittels der
zwei größten Lochkreise eine beträchtliche Verringerung des Fehlers.

Die zweite Bedingung für das Minimum des Fehlers ist sonach, daß
($40\,b\,c - 53\,a$) $= (40 \cdot 47 \cdot 49\,c - 53\,a) = (92\,120\,c - 53\,a)$ so klein als möglich, das
ist ± 1 ist.

Wenn man ($92\,120\,c - 53\,a$) durch $53\,c$ dividiert, erhält man, daß $\left(\frac{92\,120}{53} - \frac{a}{c}\right)$
so klein als möglich sein oder daß ein Bruch $\frac{a}{c}$ gefunden werden soll, welcher aus
kleineren Zahlen als 92 120 und 53 gebildet und möglichst nahe dem Werte $\frac{92\,120}{53}$

ist. Diese Aufgabe ist im Abschnitt II begegnet und mittels Kettenbrüche gelöst worden. Die Lösung ist im gegenwärtigen Falle $\dfrac{a}{c} = \dfrac{15\,643}{9}$.

Der Fehler für eine Teiloperation ist $\dfrac{40\,c}{53} - \dfrac{a}{b} = \dfrac{40 \times 9}{53} - \dfrac{15\,643}{2\,303} = \dfrac{1}{53 \times 2\,303}$ Umdrehungen der Handkurbel oder $\dfrac{1}{53 \times 2\,303 \times 40} = \dfrac{1}{53 \times 92\,120}$ Umdrehungen der Spindel. Da $\dfrac{1}{53}$ Umdrehung der Spindel einer Teilung entspricht, beträgt der Fehler für eine Teiloperation $\dfrac{1}{92\,120}$ Teilung. Ein Modul von beinahe 30 mm wäre nötig, um den Fehler 0,001 mm zu machen.

Der Gesamtfehler wächst jedoch mit jeder weiteren Teiloperation und beträgt bei der letzten Teilung, das ist nach 52 Teiloperationen, $\dfrac{52}{92\,120}$ Teilungen. Dieser Fehler bezieht sich jedoch auf die Entfernung zwischen der zuerst und zuletzt gefrästen Lücke und nicht auf die Fehler zwischen benachbarten Lücken, welche kleiner sind.

Wenn der Bruch $\dfrac{9}{53}$ mittels Kettenbrüche durch $\dfrac{1}{6}$ ersetzt wird, erfährt man, daß nach 6 und nach $(53 - 6) = 47$ Teiloperationen Nachbarlücken zur ersten gefräst werden. Die Teilungsfehler zwischen der 1. Lücke und ihren Nachbarn sind daher $\dfrac{6}{92\,120}$ und $\dfrac{47}{92\,120}$ Teilungen und diese 2 Teilungsfehler sind an allen Stellen des fertigen Werkstückes zu finden. Der größte Teilungsfehler ist daher $\dfrac{47}{92\,120} = 0{,}051\% $ der Teilung.

Es ist oben gefunden worden, daß die genaue Teilbewegung durch $\dfrac{15\,643}{2303} = 6\dfrac{1825}{2303}$ ersetzt werden soll. Der Bruch $\dfrac{1825}{2303}$ wird zunächst in 2 Partialbrüche mit den Nennern 47 und 49 zerlegt: $\dfrac{1825}{2303} = \dfrac{43}{47} - \dfrac{6}{49}$. Die Teilbewegung ist sonach $6\dfrac{43}{47} - \dfrac{6}{49}$; um jedoch Bewegungen in entgegengesetzten Richtungen zu vermeiden, wird die Teilbewegung zu $6 + \dfrac{43}{47} - \dfrac{6}{49} = 5\dfrac{43}{47} + \dfrac{43}{49}$ umgeformt.

Tab. 4 enthält die Teilbewegungen für alle Zahlen bis 500, welche nicht durch Einfachteilen, jedoch durch Verbundteilen genau geteilt werden können. Tab. 4 enthält außerdem die Zahlen bis 250, für welche Verbundteilen bloß Annäherungen ermöglicht; für diese Zahlen ist sowohl der Fehler einer einzelnen Teilung als auch der größere der 2 Teilungsfehler angegeben.

Der Fehler einer einzelnen Teilung ist für die Mehrheit der Zahlen $\dfrac{1}{92\,120}$ der Teilung, wie in dem oben betrachteten Falle der Zahl 53; für manche Zahlen wird jedoch dieser günstigste Wert nicht erreicht. Wenn statt der oben gewählten Zahl 53 die allgemeine Zahl n betrachtet wird, ist eine Bedingung für ein Minimum des Fehlers, daß $(40 \cdot 47 \cdot 49\,c - na) = \pm 1$ ist. (Das $\pm$-Zeichen wird weiterhin vernachlässigt werden.) Wenn n durch eine der Zahlen 2, 5, 7 oder 47 teilbar ist, ist auch der Wert $(40 \cdot 47 \cdot 49\,c - na)$ durch diese Zahl teilbar und kann daher nicht 1 sein. Diese Ausnahmefälle sind:

1. Ungerade durch 5 teilbare Zahlen, z. B. 125. Der Zähler des Fehlers ist
$$(92\,120\,c - na) = 5\left(18\,424\,c - \dfrac{n}{5}\,a\right).$$

$\dfrac{n}{5}$ ist eine ganze Zahl und das Minimum des Klammerwertes ist 1. Der einfache Fehler kann daher nicht kleiner als $\dfrac{5}{92\,120}$ einer Teilung betragen.

2. Gerade durch 2 (jedoch nicht durch 4 oder 8) teilbare Zahlen, z.B. 106. Der Fehler ist aus ähnlichen Gründen wie oben $\dfrac{2}{92\,120}$.

3. Gerade durch 4 teilbare Zahlen, z.B. 212. Der Fehler ist $\dfrac{4}{92\,120}$.

4. Gerade durch 8 teilbare Zahlen, z.B. 176. Der Fehler ist $\dfrac{8}{92\,120}$.

5. Gerade durch 10 teilbare Zahlen, z.B. 250. Der Fehler ist $\dfrac{10}{92\,120}$.

6. Gerade durch 20 teilbare Zahlen, z.B. 500. Der Fehler ist $\dfrac{20}{92\,120}$.

7. Gerade durch 40 teilbare Zahlen, z.B. 1000. Der Fehler ist $\dfrac{40}{92\,120}$.

8. Ungerade durch 7 teilbare Zahlen, z.B. 119. Der Zähler des Fehlers ist $(92\,120\,c - n\,a) = 7\left(13\,160 - \dfrac{n}{7}\,a\right)$. Wenn die Lochkreise 47 und 49 verwendet werden, kann der Fehler nicht kleiner als $\dfrac{7}{92\,120} = \dfrac{1}{13\,160}$ sein. Wenn man jedoch die Lochkreise 43 und 47 benutzt, kann der Fehler zu $\dfrac{1}{40 \times 43 \times 47} = \dfrac{1}{80\,840}$ reduziert werden, was nur um 14% größer als der günstigste Fall von $\dfrac{1}{92\,120}$ ist.

9. Ungerade durch 35 teilbare Zahlen, z.B. 175. Die Fälle 1 und 8 machen es klar, daß der Fehler nicht kleiner als $\dfrac{5}{80\,840}$ sein kann.

10. Gerade durch 14 teilbare Zahlen, z.B. 238. Der Fehler ist $\dfrac{2}{80\,840}$.

11. Gerade durch 28 teilbare Zahlen, z.B. 476. Der Fehler ist $\dfrac{4}{80\,840}$.

12. Gerade durch 56 teilbare Zahlen, z.B. 112. Der Fehler ist $\dfrac{8}{80\,840}$.

13. Gerade durch 70 teilbare Zahlen, z.B. 350. Der Fehler ist $\dfrac{10}{80\,840}$.

14. Gerade durch 140 teilbare Zahlen, z.B. 700. Der Fehler ist $\dfrac{20}{80\,840}$.

15. Gerade durch 280 teilbare Zahlen, z.B. 560. Der Fehler ist $\dfrac{40}{80\,840}$.

16. Ungerade durch 47 teilbare Zahlen, z.B. 423. Wenn die Lochkreise 47 und 49 verwendet werden, kann der Fehler nicht kleiner als $\dfrac{47}{92\,120} = \dfrac{1}{1960}$ sein; der Fehler kann jedoch durch Benutzung der Lochkreise 43 und 49 zu $\dfrac{1}{40 \times 43 \times 49} = \dfrac{1}{84\,280}$ verringert werden, was nur 9% mehr als $\dfrac{1}{92\,120}$ ist.

17. Ungerade durch 235 teilbare Zahlen, z.B. 1175. Der Fehler ist $\dfrac{5}{84\,280}$.

18. Gerade durch 94 teilbare Zahlen, z.B. 846. Der Fehler ist $\dfrac{2}{84\,280}$.

19. Gerade durch 188 teilbare Zahlen, z.B. 1692. Der Fehler ist $\dfrac{4}{84\,280}$.

20. Gerade durch 376 teilbare Zahlen, z.B. 752. Der Fehler ist $\dfrac{8}{84\,280}$.

21. Gerade durch   470 teilbare Zahlen, z.B. 2350. Der Fehler ist $\dfrac{10}{84\,280}$.

22. Gerade durch   940 teilbare Zahlen, z.B. 4700. Der Fehler ist $\dfrac{20}{84\,280}$.

23. Gerade durch 1880 teilbare Zahlen, z.B. 3760. Der Fehler ist $\dfrac{40}{84\,280}$.

24. Ungerade durch 329 ($= 7 \times 47$) teilbare Zahlen, z.B. 987. Würde man die Lochkreise 47 und 49 verwenden, könnte der Fehler nicht kleiner als $\dfrac{329}{92\,120} = \dfrac{1}{280}$ sein; der Fehler kann durch die Benützung der Lochkreise 41 und 43 zu $\dfrac{1}{40 \times 41 \times 43} = \dfrac{1}{70\,520}$ verringert werden, was 30,5% größer als $\dfrac{1}{92\,120}$ ist.

25. Ungerade durch 1645 teilbare Zahlen, z.B. 4935. Der Fehler ist $\dfrac{5}{70\,520}$.

26. Gerade durch   658 teilbare Zahlen, z.B.   1974. Der Fehler ist $\dfrac{2}{70\,520}$.

27. Gerade durch   1316 teilbare Zahlen, z.B.   3948. Der Fehler ist $\dfrac{4}{70\,520}$.

28. Gerade durch   2632 teilbare Zahlen, z.B.   7896. Der Fehler ist $\dfrac{8}{70\,520}$.

29. Gerade durch   3290 teilbare Zahlen, z.B.   9870. Der Fehler ist $\dfrac{10}{70\,520}$.

30. Gerade durch   6580 teilbare Zahlen, z.B. 19740. Der Fehler ist $\dfrac{20}{70\,520}$.

31. Gerade durch 13160 teilbare Zahlen, z.B. 39480. Der Fehler ist $\dfrac{40}{70\,520}$.

Wie die obige Liste zeigt, sind durch 5 oder 10 teilbare Zahlen, für welche die Wahrscheinlichkeit eines Bedarfes größer als für andere Zahlen ist, mit bedeutend größeren Fehlern als Primzahlen behaftet.

Das angenäherte Teilen der Zahl 53, wofür die Teilbewegung $\dfrac{15\,643}{2303}$ gefunden worden ist, möge nochmals betrachtet werden. Die tatsächlich geteilte Zahl ist $40 : \dfrac{15\,643}{2303} = \dfrac{40 \times 2303}{15\,643} = \dfrac{92\,120}{15\,643}$. Ein Rad mit 53 Lücken (und in ähnlicher Weise mit anderen Lückenzahlen) ist demnach ein unvollendetes Rad mit 92120 Lücken, welches in Teilschritten von 15643 geteilt ist, und die Handkurbel macht während 53 Teiloperationen   nicht $40 \times 9 = 360$ Umdrehungen,   sondern $\dfrac{53 \times 15\,643}{2303}$ $= 359\dfrac{2302}{2303}$ Umdrehungen. Derartig gefräste Räder sind trotzdem für viele Zwecke hinreichend genau.

Beispiel 16. Ein Zahnrad mit 81 Zähnen, Modul 2,5 mm (Teilung 7,854 mm), soll mittels Verbundteilen geteilt werden.

Tab. 4 enthält die notwendigen Angaben, unter anderen auch, daß der größere der zwei Teilungsfehler 0,063% der Teilung 7,854 mm oder weniger als 0,005 mm ist.

Die Zahl 92120, welche in diesem Abschnitt eine wichtige Rolle spielt, ist die obere Grenze des Verbundteilens, da die zwei größten Lochkreise 47 und 49 einen ideellen Kreis mit 2303 Löchern ersetzen und die kleinstmögliche Teilbewegung $\dfrac{1}{2303}$ zu der höchsten erzielbaren Zahl $40 \times 2303 = 92120$ gehört.

Beispiel 17. Die Zahl 92120 soll geteilt werden.

Es ist unnötig, $\dfrac{1}{2303}$ in zwei Partialbrüche mit den Nennern 47 und 49 zu zerlegen; das Resultat muß eine Differenz zweier Brüche sein, welche erst durch die Multiplikation mit einem geeigneten Teilschritt in die Summe zweier Brüche umgewandelt werden kann. Die kleinste Summe ist $\frac{1}{47} + \frac{1}{49} = \frac{96}{2303}$. Der Teilschritt kann jedoch nicht 96 sein, weil diese Zahl mit 92120 den gemeinsamen Faktor 8 hat. Die kleinste brauchbare Summe ist $\frac{1}{47} + \frac{2}{49} = \frac{143}{2303}$. Da 143 und 92120 relativ prim sind, ermöglicht die Teilbewegung $\frac{1}{47} + \frac{2}{49}$ das Teilen der Zahl 92120 in Schritten von 143.

VI. Vergleich zwischen Einfach-, Differenz- und Verbundteilen.

Es unterliegt keinem Zweifel, daß Einfachteilen angewendet werden soll, wo immer es möglich ist; ein Vergleich kann daher auf die zwei anderen Verfahren eingeschränkt werden.

Differenzteilen hat mit Einfachteilen das Merkmal gemeinsam, daß man bloß eine Bewegung mit der Handkurbel auszuführen braucht; Verbundteilen verlangt zwei voneinander unabhängige Bewegungen.

Differenzteilen gestattet im Bereiche bis 2254 das genaue Teilen fast aller Zahlen; die Grenze des Verbundteilens liegt bei 92120, aber nur eine beschränkte Anzahl von Teilungen kann genau ausgeführt werden.

Obwohl Differenzteilen im allgemeinen dem Verbundteilen überlegen ist, hat auch dieses Vorteile. Es ist zwischen 2254 und 92120 meist die einzige anwendbare Methode. Das Teilen derart hoher Zahlen kommt in der Praxis nicht oft vor; es ist jedoch leicht möglich, daß das Werkstück um einen bestimmten kleinen Winkel gedreht werden soll, was mit den Teilen einer hohen Zahl gleichbedeutend ist.

Wenn es einmal nötig ist, eine Zahl zu teilen, welche in den Tabellen nicht enthalten ist, verlangt Verbundteilen nur verhältnismäßig einfache Rechenoperationen; die Berechnungen für Differenzteilen beruhen auf Probieren, was selbst bei systematischem Vorgange langwierig sein kann.

Verbundteilen kann auch angewendet werden, wenn kegelförmige Werkstücke gefräst werden; es ist in solchen Fällen unmöglich, Differenzteilen anzuwenden, weil die geneigte Spindel nicht durch Wechselräder mit der horizontalen Welle des Teilkopfes verbunden werden kann.

Man sollte schließlich auch der Lage gewachsen sein, mit einem Teilkopf zu arbeiten, welcher weder für Differenzteilen geeignet noch mit besonderen Teilscheiben ausgerüstet ist; in solchen Fällen ist Verbundteilen die einzige Methode, Teilungen außerhalb des Bereiches des Einfachteilens zu erzielen.

VII. Genaues Winkelteilen.

Winkelteilen oder das Drehen der Teilkopfspindel um einen verlangten Winkel ist bloß eine andere Form, eine Teilaufgabe zu stellen. Winkelteilen bringt daher keine neue Technik des Teilens mit sich. Das Teilen von 60° ist offensichtlich mit dem Teilen der Zahl $\frac{360}{6} = 6$ identisch; jeder Winkel kann in ähnlicher Weise als ein Bruch von 360° ausgedrückt werden.

Beispiel 18. Der Winkel 75° soll geteilt werden.

Da $\frac{360}{75} = 4{,}8$ ist, soll die Zahl 4,8 geteilt werden oder der Handkurbel $\frac{40}{4{,}8} = \frac{200}{24} = \frac{25}{3} = 8\frac{13}{39}$ Umdrehungen erteilt werden.

Eine Umdrehung der Handkurbel entspricht $\frac{1}{40}$ Umdrehung der Teilkopfspindel oder $\frac{360}{40} = 9°$. Wenn z.B. 93° geteilt werden sollen, das ist $18 = 2 \times 9$ Grade mehr als im Beispiele 18, braucht die Rechnung nicht wiederholt zu werden; die Kurbelbewegung muß um 2 Umdrehungen größer als für 75°, also $10\frac{13}{39}$ sein.

Da eine volle Umdrehung der Handkurbel 9° entspricht, ist die Kurbelbewegung für 1 Grad $\frac{1}{9}$ und sowohl der Lochkreis 18 als auch 27 sind für diesen Zweck geeignet. 1° kann daher durch $\frac{2}{18}$ oder $\frac{3}{27}$ Umdrehungen der Handkurbel geteilt werden. Der Lochkreis 18 ermöglicht außerdem das Teilen von halben und der Lochkreis 27 von $\frac{1}{3}$ oder $\frac{2}{3}$ Graden.

Beispiel 19. $1\frac{1}{3}° = \frac{4}{3}°$ soll geteilt werden.

Die Kurbelbewegung ist $\frac{4}{3} \times \frac{1}{9} = \frac{4}{27}$.

In manchen Fällen können auch andere Lochkreise für das Teilen von ganzen Anzahlen von Minuten oder Sekunden verwendet werden. Die Zahlen 15 und 20 sind Faktoren von 540 $(9° = 540')$; der Lochkreis 15 kann daher für das Teilen von Vielfachen von $\frac{540}{15} = 36'$ und der Lochkreis 20 für das Teilen von Vielfachen von $\frac{540}{20} = 27'$ verwendet werden.

Beispiel 20. $1°21' = 81' = \frac{81}{60}°$ soll geteilt werden.

Die Kurbelbewegung ist $\frac{81}{60} \times \frac{1}{9} = \frac{3}{20}$.

In ähnlicher Weise ist der Lochkreis 16 für das Teilen von Vielfachen von $\frac{540}{16} = 33\frac{3}{4}' = 33'45''$ geeignet.

Einige weitere Winkel, welche aus einer ganzen Anzahl von Minuten oder Sekunden bestehen, können mittels Differenzteilen geteilt werden. Tab. 5 enthält diese Winkel.

Beispiel 21. $16'40''$ soll geteilt werden.

Da $360° = 1296000''$ ist, ist das Teilen von $16'40'' = 1000''$ mit dem Teilen von $\frac{1296000}{1000} = 1296$ gleichbedeutend. Diese Zahl kann durch die scheinbare Kurbelbewegung $\frac{1}{33}$ und den Wechselräderzug $\frac{32}{44}$ mit 1 Zwischenrad geteilt werden.

Wenn ein Vielfaches von $16'40''$, z.B. $1°56'40'' (= 7000'')$ geteilt werden soll, kann derselbe Räderzug wie für den Winkel $16'40''$ verwendet werden; die Kurbelbewegung ist 7fach auszuführen, d.i. $\frac{7}{33}$.

Da beim Differenzteilen eine volle Umdrehung der Handkurbel nicht $\frac{1}{40}$ Umdrehung der Spindel oder 9° entspricht, kann das für $16'40''$ erhaltene Resultat nicht z.B. für den Winkel $9°16'40''$ benutzt werden. Dies ist ein schwerwiegender Nachteil des Differenzteilens beim Winkelteilen. Während eine Tabelle für Einfachteilen, welche bis zu 9° reicht, auch für größere Winkel in der Weise verwendet werden kann, daß man je eine Umdrehung der Handkurbel für je 9° Differenz hinzufügt, müßte eine Tabelle für Differenzteilen mindestens bis 180° reichen, und eine solche wäre für praktische Zwecke zu umfangreich.

Es ist im Abschnitt V gefunden worden, daß Verbundteilen die Merkmale des Einfachteilens hat. Es genügt daher auch beim Verbundteilen, bloß Winkel bis 9° zu betrachten.

Die Kombination der Lochkreise 15 und 16 ersetzen einen Kreis 240,
die Kombination der Lochkreise 15 und 18 ersetzen einen Kreis 90,
die Kombination der Lochkreise 15 und 20 ersetzen einen Kreis 60,
die Kombination der Lochkreise 16 und 18 ersetzen einen Kreis 144,
die Kombination der Lochkreise 16 und 20 ersetzen einen Kreis 80,
die Kombination der Lochkreise 18 und 20 ersetzen einen Kreis 180.

Alle diese ideellen Lochzahlen sind Faktoren von 32400 (9° = 32400'') und gestatten das Teilen vieler Winkel, welche aus einer ganzen Anzahl von Sekunden bestehen.

Beispiel 22. $103'45'' = 3825'' = 17 \times 225''$ soll geteilt werden.

Die später zu besprechende Tab. 7 gibt an, daß der Winkel 225'' einer Kurbelbewegung um ein Loch in einen ideellen Lochkreis 144 entspricht. Die Teilbewegung ist daher $\dfrac{17}{144} = \dfrac{1}{18} + \dfrac{1}{16}$.

Tab. 6 enthält alle Winkel bis 9°, welche durch Einfach- oder Verbundteilen geteilt werden können. Die Teilbewegungen für viele Winkel sind in Tab. 6 als Differenzen zweier Winkel angegeben. Bewegungen in entgegengesetzten Richtungen lassen sich stets vermeiden.

Beispiel 23. $18°2'15'' = (2 \times 9°) + 2'15''$ soll geteilt werden.

Die Teilbewegung besteht aus 2 vollen Umdrehungen (entsprechend $2 \times 9°$) und $\left(\dfrac{1}{15} - \dfrac{1}{16}\right)$ (entsprechen $2'15''$), das ist $2 + \dfrac{1}{15} - \dfrac{1}{16} = 1\dfrac{15}{16} + \dfrac{1}{15}$. Beide Bewegungen sind somit in derselben Richtung auszuführen.

Wenn der Winkel kleiner als 9° ist, können Bewegungen in entgegengesetzten Richtungen durch Hinzufügen einer Umdrehung der Spindel oder von 40 Umdrehungen der Handkurbel vermieden werden.

Beispiel 24. $2°15''$ soll geteilt werden.

Wenn man 40 zu $\left(\dfrac{1}{15} - \dfrac{1}{16}\right)$ addiert, erhält man die Teilbewegung $40 + \dfrac{1}{15} - \dfrac{1}{16} = 39\dfrac{15}{16} + \dfrac{1}{15}$.

Die Abstufungen in Tab. 6 sind in keinem Falle größer als $2'15''$, so daß sie alle Winkel mit einer Toleranz von $\pm 67\dfrac{1}{2}''$ umfaßt. Einige dazwischenliegende Winkel können durch Differenzteilen geteilt werden.

VIII. Angenähertes Winkelteilen.

Der vorausgehende Abschnitt hat das Teilen von Winkeln behandelt, welche aus einer ganzen Anzahl von Sekunden bestehen. Obwohl die Teilung eines Kreises in 360 Grade und die übliche Unterteilung in Minuten und Sekunden allgemein angewendet wird, beruht dies auf einer willkürlichen Annahme. Wenn man einen Kreis in 400 Teile einteilt, erscheinen vertraute Winkel wie z. B. 60° in einer unrunden Form; unrunde Winkel sollten andererseits nicht als unnatürlich angesehen werden.

In den Tab. 5 und 6 ist nur von einem kleinen Teile der Lochkreise und Wechselräder Gebrauch gemacht. Viele weitere Winkel können durch den uneingeschränkten Gebrauch aller verfügbarer Mittel geteilt werden, und es ist möglich, beinahe jeden Winkel mit einer Toleranz eines Bruchteiles einer Sekunde zu teilen. Da eine Sekunde auf dem Umfange eines Kreises mit 1 m Durchmesser 0,002 mm entspricht, können die Fehler im angenäherten Winkelteilen wohl in jedem Falle vernachlässigt werden.

Beim angenäherten Winkelteilen können alle Teilverfahren angewendet werden, doch ist es auch hier ratsam, Differenzteilen nur in Ausnahmefällen zu benutzen. Beim Verbundteilen sind nur einfache Rechnungen nötig und die Ausschaltung des Differenzteilens ist um so mehr gerechtfertigt, als durch Verbundteilen kleine Abstufungen erzielt werden können. Wie im Abschnitt V angedeutet worden ist, ist das Teilen von Winkeln zwischen $\frac{360°}{2254} \sim 9\frac{1}{2}{}'$ und $\frac{360°}{92\,120} \sim 14''$ die Domäne des Verbundteilens.

Tab. 7 enthält für alle möglichen Kombinationen von Lochkreisen (auch für diejenigen, welche ganzen Zahlen von Minuten oder Sekunden entsprechen) die entsprechenden ideellen Lochkreise für Verbundteilen und die Winkel, welche der Kurbelbewegung um ein Loch in diesen ideellen Kreisen entsprechen.

Beispiel 25. 13° 27′ 15″ soll geteilt werden.

Wenn man 13° 27′ 15″ durch 9 teilt, gibt der Quotient 1 eine volle Umdrehung der Handkurbel an; der Rest 4° 27′ 15″ = 16035″ ist nicht in Tab. 6 enthalten und dieser Winkel ist auch kein Vielfaches eines Winkels in Tab. 5. Der Winkel 16035″ möge durch 14,069″ (d. i. der Winkel, welcher der Teilbewegung $\frac{1}{2303}$, dem ersten Werte in Tab. 7, zugeordnet ist) geteilt werden. Wenn man den Quotienten 1139,73 durch die nächste ganze Zahl 1140 ersetzt, erhält man die Teilbewegung $\frac{1140}{2303}$. Wenn eine Toleranz von $\pm$ 7″ zulässig ist, was praktisch immer der Fall sein dürfte, ist es unnötig, den Winkel zu bestimmen, welcher durch diese Teilbewegung erhalten wird. Es soll jedoch angenommen werden, daß eine besonders gute Annäherung an 16035″ verlangt ist.

Der Winkel, welcher durch die Teilbewegung $\frac{1140}{2303}$ geteilt wird, ist 1140 × 14,069 = 16038,6″. Wenn man in ähnlicher Weise andere Paare von Lochkreisen untersucht, findet man, daß bei Benutzung der Lochkreise 43 und 39 eine Teilbewegung von $\frac{830}{1677}$ ausgeführt werden kann, welche dem Winkel 830 × 19,320″ = 16035,6″ entspricht. Der Bruch $\frac{830}{2677}$ wird zunächst in zwei Partialbrüche zerlegt. $\frac{830}{1677} = \frac{29}{43} - \frac{7}{39}$. Wenn man 1 für die 9° hinzufügt, erhält man das endgültige Resultat $1 + \frac{29}{43} - \frac{7}{39} = \frac{32}{39} + \frac{29}{43}$.

Einfach- und Verbundteilen sind für kleinere Winkel als 14″ unbrauchbar; diese Verfahren sind daher auch für Winkel wie z. B. 9° 0′ 8″ oder 8° 59′ 52″ ungeeignet: In solchen Fällen kann man zu Differenzteilen Zuflucht nehmen.

Beispiel 26. Der Winkel 9° 0′ 8″ soll geteilt werden.

Teilen von 9° 0′ 8″ = 32408″ ist mit dem Teilen der Zahl $\frac{1\,296\,000}{32\,408} = 39{,}9901$ identisch. Alle ganzen Zahlen zwischen 35 und 47 [aus Gl. (3) bestimmt] können durch Einfachteilen geteilt werden. Wenn man sich nach einigen Versuchen für die Zahl 43 als angenäherte Zahl entscheidet (der Unterschied gegen 39,9901 ist 3,0099), ergibt sich das Wechselräder-übersetzungsverhältnis $\ddot{u} = \dfrac{40}{43} \times 3{,}0099 = 2{,}7999$, was beinahe genau durch den Räderzug $\dfrac{64 \times 56}{32 \times 40} = 2{,}8$ ausgedrückt werden kann. (Dieses Übersetzungsverhältnis kann der Tab. 9 entnommen werden, indem man nach der Steigung $2{,}8 \times 200 = 560$ mm forscht.) Die Zahl, welche durch die scheinbare Kurbelbewegung $\dfrac{40}{43}$ und durch den angegebenen Räderzug ohne Zwischenrad geteilt wird, ist $(40 - 2{,}8) : \dfrac{40}{43} = \dfrac{37{,}2 \times 43}{40} = 39{,}99$ und 1 Teilbewegung entspricht dem Winkel $\dfrac{1\,296\,000}{39{,}99} = 32\,408{,}1$ Sekunden.

Durch die Anwendung aller Teilverfahren kann jeder Winkel oberhalb von 14 Sekunden mit guter Annäherung geteilt werden. Wie im Beispiele 13 gezeigt worden ist, kann man die untere Grenze des Winkelteilens — wenigstens theoretisch — zu weniger als 1 Sekunde verringern.

IX. Teilen in ungleiche Winkel.

In den vorhergehenden Abschnitten war vorausgesetzt, daß das Werkstück gleiche Teilungen aufweisen soll; der Teilkopf kann jedoch auch für ungleiche Teilungen verwendet werden. Dies wird hauptsächlich beim Fräsen von Reibahlen verlangt, weil ungleiche Zahnteilungen die Gefahr von Rattermarken infolge von Eigenschwingungen des Fräsers verringern. Um jedoch zu ermöglichen, daß der Durchmesser der Reibahlen mit einfachen Mitteln gemessen werden kann, wird das Kompromiß gemacht, die Reibahlen derart mit einer geraden Zähnezahl zu versehen, daß sich immer zwei Schneidkanten diametral gegenüberstehen; es wird daher nur eine Hälfte des Umfanges ungleich geteilt und die Teilungen werden in der zweiten Hälfte des Umfanges wiederholt.

Da Ungleichmäßigkeit ein negatives Merkmal ist, kann es keine einheitliche Regel für die Aufteilung in ungleiche Teile geben. Es ist jedoch beim Fräsen von Reibahlen üblich, die Differenz zwischen zwei benachbarten Teilungen nicht größer als 2° zu machen. Da ferner das Fräsen verschiedener Teilungen mittels eines gemeinsamen Werkzeuges verschiedene Spannuttiefen bedingt, wird im allgemeinen angestrebt, den Unterschied zwischen der größten und kleinsten Teilung nicht größer als etwa 7° zu machen. Tab. 8 enthält für verschiedene Zähnezahlen je ein Beispiel, welches diesen Anforderungen entspricht.

Ungleiche Teilungen werden meistens durch die Angabe der einzelnen Zentriwinkel festgelegt; dem Teilen in ungleiche Winkel wird dementsprechend ein sinngemäß abgeändertes Winkelteilen zugrunde gelegt. Wenn das Verfahren des Einfachteilens angewendet wird, was als Regel angesehen werden kann, müssen alle Winkel mittels des gleichen Lochkreises geteilt werden können. Wenn Differenzteilen angewendet wird, muß auch der Wechselräderzug für alle Teilungen geeignet sein. Im Falle des Verbundteilens müssen alle Teilungen mittels derselben zwei Lochkreise ausführbar sein.

Beispiel 27. Eine Reibahle mit 10 Zähnen soll gefräst werden. Die Winkel sollen in zwei Gruppen angeordnet werden und die Winkel (deren Summe 180° ist) sollen 33°, $34\frac{1}{2}°$, 36°, $37\frac{1}{2}°$ und 39° sein.

Alle diese Winkel sind Vielfache von $\frac{1}{2}°$, und es ist von Abschnitt VII bekannt, daß $\frac{1}{2}°$ mittels der Kurbelbewegung $\frac{1}{18}$ geteilt wird. Wenn daher der Lochkreis 18 verwendet wird, ergeben sich die fünf Teilbewegungen: $\frac{66}{18} = 3\frac{12}{18}$; $\frac{69}{18} = 3\frac{15}{18}$; $\frac{72}{18} = 4$; $\frac{75}{18} = 4\frac{3}{18}$ und $\frac{78}{18} = 4\frac{6}{18}$.

Die Lösung des Beispieles 27 kann auch Tab. 8 entnommen werden. Die Winkel in dieser Tabelle sind innerhalb der oben für Reibahlen angegebenen Grenze willkürlich gewählt worden (sie bilden arithmetische Reihen) und kleine Abweichungen können beim Fräsen von Reibahlen unbedenklich gemacht werden. Wenn aus irgendeinem Grunde im Falle des Beispieles 27 der Lochkreis 49 vorgezogen wird, ergeben sich die Teilbewegungen: $\frac{66}{18} \sim \frac{180}{49} = 3\frac{33}{49}$; $\frac{69}{18} \sim \frac{188}{49} = 3\frac{41}{49}$; $\frac{72}{18} = 4$; $\frac{75}{18} \sim \frac{204}{49} = 4\frac{8}{49}$ und $\frac{78}{18} \sim \frac{212}{49} = 4\frac{16}{49}$, welchen die Winkel 33°4′, 34°32′, 36°, 37°28′ und 38°56′ entsprechen.

Bei Anwendung aller zur Verfügung stehender Teilverfahren kann jede ungleiche Teilung des Werkstückes genau oder mit vernachlässigbaren Fehlern erzielt werden.

Beispiel 28. Ein Werkstück soll in die 6 Winkel $58\frac{3}{4}°$, $59\frac{1}{4}°$, $59\frac{3}{4}°$, $60\frac{1}{4}°$, $60\frac{3}{4}°$ und $61\frac{1}{4}°$ geteilt werden.

Alle Winkel sind Vielfache von $\frac{1}{4}°$, wofür Tab. 5 (Differenzteilen) die Teilbewegung $\frac{1}{33}$ und den Wechselräderzug $\frac{100 \times 64}{40 \times 44}$ mit 1 Zwischenrad angibt. Da die Winkel $\frac{235}{4}$, $\frac{237}{4}$, $\frac{239}{4}$, $\frac{241}{4}$, $\frac{243}{4}$ und $\frac{245}{4}$ Grade sind, sind die Teilbewegungen $\frac{235}{33} = 7\frac{4}{33}$; $\frac{237}{33} = 7\frac{6}{33}$; $\frac{239}{33} = 7\frac{8}{33}$; $\frac{241}{33} = 7\frac{10}{33}$; $\frac{243}{33} = 7\frac{12}{33}$ und $\frac{245}{33} = 7\frac{14}{33}$.

Da sich Verbundteilen in vielen Fällen des Winkelteilens dem Differenzteilen überlegen gezeigt hat, soll gezeigt werden, wie eine derartige Aufgabe durch Verbundteilen gelöst werden kann.

Beispiel 29. Für die im Beispiel 28 gestellte Aufgabe steht ein Teilkopf, welcher nicht für Differenzteilen, jedoch für Verbundteilen eingerichtet ist, zur Verfügung.

Tab. 6 (Verbundteilen) gibt für $\frac{1}{4}°$ die Teilbewegung $\left(\frac{4}{16} - \frac{4}{18}\right)$ an. Die Teilbewegung für den Winkel $\frac{235}{4}°$ ist daher $235\left(\frac{4}{16} - \frac{4}{18}\right) = 5\frac{12}{16} + \frac{14}{18}$ und diejenigen für die anderen Winkel ergeben sich in ähnlicher Weise als $5\frac{12}{16} + \frac{15}{18}$, $5\frac{12}{16} + \frac{16}{18}$, $5\frac{12}{16} + \frac{17}{18}$, $6\frac{12}{16}$ und $6\frac{12}{16} + \frac{1}{18}$.

Die Aufgabe ungleicher Teilungen kann auch in einer anderen Form als durch die Angabe der Winkel gestellt sein, etwa wie im folgenden Beispiele.

Beispiel 30. Ein Werkstück soll in 3 Winkel geteilt werden, welche sich wie 11 : 13 : 15 verhalten.

Die Summe von $11 + 13 + 15$ ist 39, so daß die Teilungen $\frac{11}{39}$, $\frac{13}{39}$ und $\frac{15}{39}$ entsprechen. Da laut Tab. 1 die Teilbewegung für 39 gleich $1\frac{1}{39}$ ist, sind die drei Teilbewegungen $11\frac{11}{39}$, $13\frac{13}{39}$ und $15\frac{15}{39}$.

X. Spiralfräsen.

Teilarbeiten werden in Zeitpunkten ausgeführt, in welchen das Werkstück nicht bearbeitet wird. Wenn Gewindenuten gefräst werden, muß man dem Werkstück während der Bearbeitung eine Drehbewegung erteilen und den Teilkopf zu diesem Zwecke mit dem Vorschubmechanismus der Fräsmaschine verbinden. Der Ausdruck „Spirale", welcher häufig statt Schraubenlinie verwendet wird, ist nicht korrekt. Eine Spirale ist eine (meist ebene) Kurve, die in immer weiteren Windungen um einen Punkt zieht; die Uhrfeder z.B. hat die Form einer Spirale. Die Schraubenlinie ist eine Raumkurve, welche ein Punkt auf dem Mantel eines Kreiszylinders beschreibt, wenn er sich gleichzeitig mit gleichförmiger Bewegung

Abb. 12. Für Spiralfräsen eingestellter Universalteilkopf, mit der Frässpindel in der üblichen Lage und gedrehtem Frästisch (Wanderer-Werke A G., Haar bei München).

um die Achse dreht und mit gleichförmiger Bewegung parallel zur Achse verschiebt, eine Kurve, welche jedem Schraubengewinde zugrunde liegt. Die eingebürgerte Bezeichnung „Spiralfräsen" wird hier trotzdem verwendet. Die Entfernung, welche der Punkt während einer vollen Umdrehung in achsialer Richtung zurücklegt, wird Steigung (im Falle eines eingängigen Gewindes auch Teilung) genannt.

Eins der meistverbreiteten Verfahren, ein Gewinde herzustellen, ist das Gewindeschneiden auf der Drehbank. Ein Räderzug zwischen Werkspindel und Leitspindel verbindet die Drehbewegung des Werkstückes mit der geradlinigen Bewegung des Werkzeuges. Wenn Gewinde auf der Fräsmaschine hergestellt werden, macht der Fräser bloß die drehende Schnittbewegung, während sich das Werkstück sowohl achsial verschiebt als auch um seine Achse dreht; der Teilkopf und die Wechselräder besorgen dabei die Verbindung zwischen diesen zwei Bewegungen

Da dieser Abschnitt hauptsächlich den rechnerischen Grundlagen des Spiralfräsens gewidmet ist, möge bloß erwähnt werden, daß der Werktisch, der beim Fräsen gerader Nuten senkrecht zur Frässpindel liegt, um den Steigungswinkel (d. i. der Winkel zwischen der Werkstückachse und der Tangente an die Schraubenlinie) aus dieser Stellung gedreht wird, während der Fräser in üblicher Weise auf der Frässpindel befestigt wird (Abb. 12). Eine derartige Verstellung des Werktisches ist meist nur für Winkel bis ein wenig oberhalb von 45° möglich. Wenn der Steigungswinkel diesen Betrag überschreitet, muß ein Universalfräskopf verwendet werden, wobei der Fräser eine geneigte Stellung einnimmt und der Werktisch in seiner üblichen Stellung bleibt (Abb. 13 u. 17).

Die gleichen Wechselräder, welche dem Differenzteilen dienen, werden beim Spiralfräsen verwendet. Wenn ein rechtsgängiges Gewinde hergestellt werden soll,

Abb. 13. Für Spiralfräsen eingestellter Universalteilkopf (Gotthilf Walter & Co., Mühlacker-Erlenbach) bei Anwendung eines Universalfräskopfes (Fritz Leitz, Oberkochen).

müssen zwei Paare von Wechselrädern verwendet werden (Abb. 14); wenn ein linksgängiges Gewinde verlangt ist, muß ein zusätzliches Rad verwendet werden (Abb. 15). Die Abb. 14 u. 15 beziehen sich auf Fräsmaschinen mit rechtsgängiger Tischspindel. Im Falle einer linksgängigen Tischspindel bezieht sich Abb. 14 auf das Fräsen linksgängiger und Abb. 15 auf das Fräsen rechtsgängiger Gewinde.

Das Übersetzungsverhältnis $\dfrac{\text{Produkt der Zähnezahlen der treibenden Räder}}{\text{Produkt der Zähnezahlen der getriebenen Räder}}$ möge r genannt werden. Da das Schneckengetriebe des Teilkopfes die Übersetzung 40 : 1 hat, bewirkt eine Umdrehung der Tischspindel $\dfrac{r}{40}$ Umdrehungen des Werkstückes, oder es sind $\dfrac{40}{r}$ Umdrehungen der Tischspindel für eine Umdrehung der Werkspindel nötig. Wenn die Tischspindel eine Steigung von 5 mm hat, entsprechen $\dfrac{40}{r}$ Umdrehungen der Tischspindel einem Längsvorschub des Werktisches von

$5 \times \dfrac{40}{r} = \dfrac{200}{r}$ mm. Die Beziehung zwischen der Steigung St in Millimeter und dem Übersetzungsverhältnisse r ist daher

$$St = \frac{200}{r} \tag{5}$$

Tab. 9 enthält für eine Tischspindel mit einer Steigung von 5 mm die Steigungen in Millimeter für alle möglichen Kombinationen der verfügbaren Wechselräder. Die Buchstaben in Abb. 14 und 15 geben an, wo die mit den gleichen Buchstaben in Tab. 9 bezeichneten Wechselräder aufgesteckt werden sollen.

Beispiel 31. Eine Steigung von 800 mm ist verlangt.

Tab. 9 gibt an, daß die treibenden Räder 48 und 24 und die getriebenen Räder 64 und 72 sind. Die Richtigkeit kann leicht mittels Gl. (5) geprüft werden:

$$St = 200 : \frac{48 \times 24}{64 \times 72} = 200 \times \frac{64 \times 72}{48 \times 24} = 800 \text{ mm.}$$

Obwohl die Verbindung zwischen Dreh- und Längsbewegung für die Drehbank und Fräsmaschine grundsätzlich gleich ist, besteht ein wesentlicher Unterschied darin, daß die Leitspindel der Drehbank von der Werkspindel angetrieben wird,

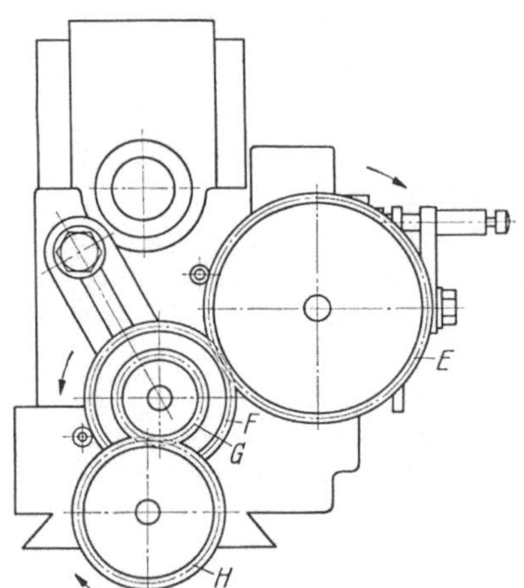

Abb. 14. Anordnung der Wechselräder beim Fräsen eines rechtsgängigen Gewindes.

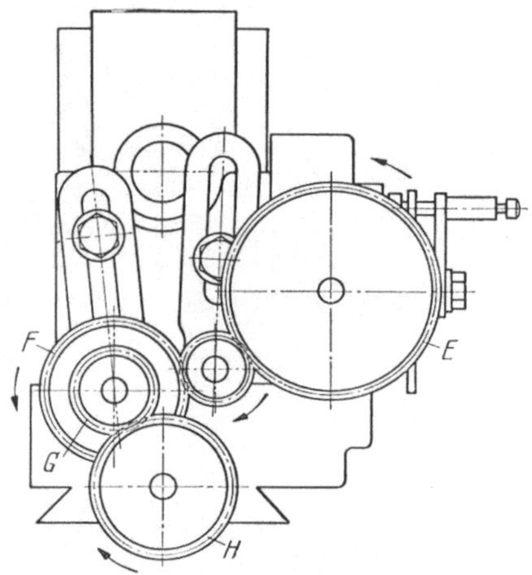

Abb. 15. Anordnung der Wechselräder beim Fräsen eines linksgängigen Gewindes.

während die Leitspindel der Fräsmaschine die Werkspindel antreibt. Es ist schwierig, auf einer Drehbank ein Gewinde mit einem kleinen Steigungswinkel zu schneiden (was in den meisten Fällen einer großen Steigung entspricht). Auf der Fräsmaschine sind es die großen Steigungswinkel (welche meist kleinen Steigungen entsprechen), welche Schwierigkeit bereiten. Beide Gruppen von Werkzeugmaschinen ergänzen daher einander in dieser Hinsicht.

Kleinere Steigungen als in Tab. 9 können dadurch erzielt werden, daß der Schneckenantrieb im Teilkopfe ausgeschaltet und die Tischspindel durch Wechselräder unmittelbar mit der Teilkopfspindel verbunden wird (Abb. 16 u. 17). Da in diesem Falle die Schneckenübersetzung ausgeschaltet ist, dreht sich die Teilkopfspindel bei ungeändertem Vorschub des Werktisches 40mal so schnell. Die erzielte

Steigung in Millimeter ist daher $\frac{1}{40}$ der in Gl. (5) gefundenen Steigung oder

$$St = \frac{1}{40} \times \frac{200}{r} = \frac{5}{r} \qquad (6)$$

Das Wechselrad E' in Abb. 16 gibt an, daß die Wechselräder in Spalte E der Tab. 9 auf der Teilkopfspindel aufgesteckt werden müssen; die Anordnung der Räder F, G und H ist die gleiche wie in den Fällen der Abb. 14 und 15.

Beispiel 32. Eine Steigung von 20 mm ist verlangt.

Tab. 9 enthält diese Steigung nicht, da sie mittels der verfügbaren Wechselräder bei der üblichen Anwendungsweise nicht erzielbar ist. Wenn die gleichen Wechselräder wie im Beispiel 31 direkt zwischen Tisch- und Werkspindel angeordnet werden, wird die verlangte Steigung von $\frac{1}{40} \times 800\,\text{mm} = 20\,\text{mm}$ erzielt.

Kleine Steigungen können auch mittels eines Reduziergetriebes erzielt werden (Abb. 18). Das Prinzip einer solchen Vorrichtung besteht darin, daß der Tischvorschub reduziert wird, während die Drehbewegung der Teilkopfspindel von einer schnell laufenden Welle abgeleitet wird. Wenn z. B. die Reduktion $10:1$ ist und die Steigung 20 mm verlangt ist, werden die Wechselräder der Tab. 9 so entnommen, als ob die 10fache Steigung (200 mm) verlangt wäre.

Es gibt auch Reduziergetriebe, mittels welcher in Fällen von besonders kleinen Steigungen die in Abb. 17 u. 18 gezeigten Mittel gleichzeitig angewendet werden können. Wenn der Schnecken-

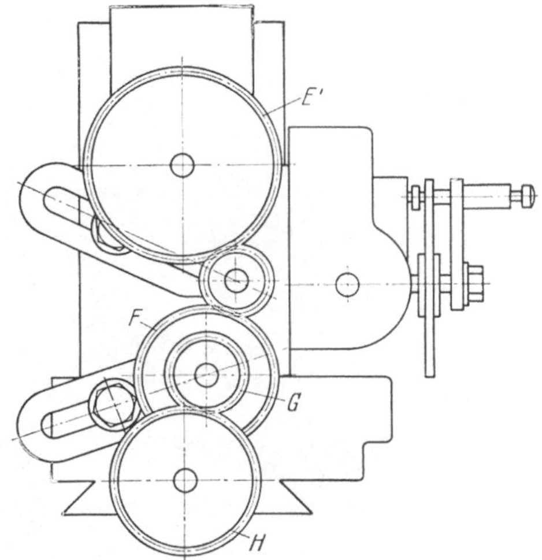

Abb. 16. Anordnung der Wechselräder beim Fräsen eines Gewindes mit einer kurzen Steigung oder beim Teilen von Skalen.

antrieb des Teilkopfes ausgeschaltet und das oben betrachtete Reduziergetriebe verwendet wird, führen die Räderzüge der Tab. 9 zu $\frac{1}{40} \times \frac{1}{10} = \frac{1}{400}$ der Steigungen in dieser Tabelle.

Werkstattzeichnungen sollen im allgemeinen alle nötigen Angaben, wie Durchmesser, Steigung, Steigungswinkel usw., enthalten. Wenn nur Durchmesser und Steigungswinkel gegeben sind, kann die zugehörige Steigung mittels Tab. 10 ohne sonst nötige trigonometrische Berechnungen gefunden werden.

Beispiel 33. Auf einem Zylinder von 50 mm Durchmesser soll ein Gewinde mit einem Steigungswinkel von 30° gefräst werden.

Tab. 10 gibt für den Durchmesser 1 und den Steigungswinkel 30° die Steigung 5,441 an. Die Steigung für den Durchmesser 50 mm ist daher $50 \times 5{,}441 = 272{,}05$ mm. Tab. 9 enthält als den dazu nächsten Wert 272,22 mm, welcher durch den Wechselräderzug $\frac{48 \times 24}{28 \times 100}$ erhalten wird.

Tab. 10 kann in ähnlicher Weise zur Bestimmung des Steigungswinkels benutzt werden, wenn nur Durchmesser und Steigung gegeben sind.

Beispiel 34. Auf einem Zylinder von 30 mm Durchmesser soll ein Gewinde mit einer Steigung von 210 mm gefräst werden.

Eine Schraubenlinie auf einem Durchmesser von 1 mm und einer Steigung von $\frac{210}{30} = 7$ mm würde denselben Steigungswinkel haben; Tab. 10 gibt diesen Winkel mit 24° 10′ an.

Gewinde, welche auf einer Fräsmaschine hergestellt werden, haben meist mehrere Gänge, z. B. die zwei Nuten eines Bohrers oder die Zahnlücken eines Schrägzahnrades. Das Teilen wird in solchen Fällen ausgeführt, wenn die Tischspindel und die mit ihr durch die Wechselräder verbundene Teilscheibe stillstehen; die Teilscheibe ist in diesen Zeitpunkten auch ohne Haltestift gesperrt. Da die Teil-

Abb. 17. Für das Fräsen eines Gewindes mit kleiner Steigung eingestellter Universalteilkopf (Gotthilf Walter & Co., Mühlacker-Erlenbach) bei Anwendung eines Universalfräskopfes (Fritz Leitz, Oberkochen).

scheibe beim Spiralfräsen durch Wechselräder mit der Tischspindel verbunden ist, kann sie nicht gleichzeitig mit der Teilkopfspindel verbunden werden, so daß Differenzteilen nicht gleichzeitig mit Spiralfräsen ausgeführt werden kann. Die Teilscheibe kann aus dem gleichen Grunde nicht von Hand betätigt werden, so daß auch Verbundteilen ausscheidet. Spiralfräsen kann daher nur angewendet werden, wenn die Anzahl der Lücken durch Einfachteilen erzielbar ist.

Wenn die Wechselräder Tisch- und Teilkopfspindel direkt miteinander verbinden und das Schneckengetriebe ausgeschaltet ist, kann das Teilen nicht mittels der Handkurbel des Teilkopfes ausgeführt werden. Das Teilen muß in solchen Fällen in der Weise ausgeführt werden, welche Drehern vom Schneiden mehrfacher Gewinde auf der Drehbank bekannt ist. Das Rad auf der Teilkopfspindel muß als Zähnezahl ein Vielfaches der zu teilenden Zahl haben. Dieses Rad wird zwecks Teilens außer Eingriff mit seinem Gegenrad gebracht, um einen entsprechenden Winkel gedreht und wieder in Eingriff gebracht.

Beispiel 35. Im Falle des Beispieles 32 sollen 3 Gänge gefräst werden.

Das Rad auf der Teilkopfspindel hat 72 Zähne. Um das Werkstück um $\frac{1}{3}$ zu verdrehen, muß das Rad auf der Teilkopfspindel $\frac{72}{3} = 24$ Zähne weitergedreht werden.

Da 72 durch 2, 3, 4, 6, 8, 9, 12, 18, 24, 36 und 72 teilbar ist, können im Falle des Beispieles 28 alle diese Zahlen geteilt werden. Wenn eine der Zahlen 7, 14, 28 oder 56 geteilt werden sollte, wäre der Räderzug $\frac{48 \times 24}{64 \times 72}$ durch $\frac{32 \times 28}{64 \times 56}$, mit dem Rade 56 auf der Teilkopfspindel zu ersetzen.

Es ist im Falle des Beispieles 32 jedoch nicht möglich, die Zahl 5 auf diese Art zu teilen. Wenn dies verlangt und ein kleiner Fehler zulässig wäre, könnte ein Ersatzräderzug aus Tab. 9 gewählt werden. Die genau 40fache Steigung im Beispiele 32 würde durch den Nachbarwert 803,57 mm ersetzt werden, für welchen der Räderzug $\frac{56 \times 32}{72 \times 100}$ ist. Da 100 ein Vielfaches von 5 ist, gestattet das Rad 100 auf der Teilkopfspindel das Teilen des Werkstückes in 5 Teile. Die tatsächlich erzielte Steigung wäre $\frac{803,57}{40} = 20{,}09$ mm.

Wenn ein Reduziergetriebe mit der angenommenen Übersetzung 10 : 1 zur Verfügung steht und der Räderzug in Tab. 9 für 200 mm verwendet wird, kann das Teilen in üblicher Weise ausgeführt werden; weder die Zahl 5 noch irgendeine andere durch Einfachteilen erzielbare Zahl bereitet Schwierigkeiten.

Abb. 18. Reduziergetriebe
(Ludwig Loewe & Co. AG., Berlin NW 87).

XI. Fräsen von Gewinden mit genauen Steigungen.

Tab. 9 ist für das Fräsen von Bohrern, Reibahlen, Gewindebohrern, Fräsern u. dgl. ausreichend, in welchen Fällen die Gewindesteigung von untergeordneter Bedeutung ist. Schrägzahnräder für sich kreuzende Wellen vertragen eine kleine Ungenauigkeit in der Steigung, weil nur ein kleiner Teil in der Mitte der Zähne im richtigen Eingriff steht. Tab. 9 ist im allgemeinen für solche Räder ausreichend.

Schrägzahnräder mit rechts- und linksgängigen Zähnen, welche parallele Wellen verbinden, sind in dieser Hinsicht empfindlicher. Der Zweck der Neigung der Zähne ist, den Beginn und das Ende des Eingriffes allmählich von einem zum anderen Ende der Zähne wandern zu lassen. Alle Teile eines Zahnes haben daher die gleiche Bedeutung und beide Räder müssen deshalb gleiche Steigungswinkel haben oder die Steigungen müssen in demselben Verhältnisse wie die Zähnezahlen der zwei Räder stehen. Die Räder müssen daher mit möglichst genauen Steigungen gefräst werden. Obwohl Tab. 9 in vielen Fällen geeignete Werte enthält, müssen manchmal besondere Wechselräder vorgesehen werden.

Schnecken, deren Steigung dieselbe Bedeutung wie die Teilung eines Zahnrades hat, verlangen gleicherweise genaue Steigungen, und dasselbe gilt für Spindeln, welche mit Muttergewinden zusammenarbeiten.

Es gibt Sondermaschinen für das Fräsen genauer Gewinde, und Schrägzahnräder werden wirtschaftlich auf Sondermaschinen, z. B. Abwälzfräsmaschinen, hergestellt; obwohl letztere gleichfalls ein Fräsverfahren benutzen, beruhen die Wechselräder auf einem anderen Prinzip, da alle Zahnlücken in einem Arbeitsgang gefräst werden. Wo solche Maschinen nicht zur Verfügung stehen, können derartige Arbeiten auf einer Universalfräsmaschine ausgeführt werden. Wenn in einem solchen Falle Tab. 7 keine genügend genaue Steigung enthält, können die Wechselräder z. B. mittels Kettenbrüche bestimmt werden.

Beispiel 36. Ein Paar von Schrägzahnrädern mit 25 und 75 Zähnen soll gefräst werden; normaler Modul 2,5 mm; Steigungswinkel $\alpha = 16°15'$.

Die Steigung des kleinen Rades ist $\dfrac{25 \times 2{,}5\,\pi}{\sin\alpha} = 701{,}68$ mm; die Steigung des großen Rades ist $\dfrac{75 \times 2{,}5\,\pi}{\sin\alpha} = 2105{,}05$ mm. Tab. 9 enthält keine genügend genauen Werte, besonders nicht für das große Rad. Das Verhältnis der Wechselräder für die Steigung 2105,05 mm ist laut Gl. (5) gleich $\dfrac{200}{2105{,}05} = \dfrac{20000}{210505} = \dfrac{4000}{42101}$. Bei der Suche nach einer Annäherung an $\dfrac{4000}{42101}$ mittels Kettenbrüche erhält man das folgende Schema:

	10	1	1	9	2	2	40
1	0	1	1	2	19	40	99	4000
0	1	10	11	21	200	421	1042	42101

Der Bruch $\dfrac{4000}{42101}$ besteht aus zu großen Zahlen und die Brüche $\dfrac{40}{421}$ und $\dfrac{99}{1042}$ haben ungeeignete Zahlen als Nenner. Die Annäherung $\dfrac{19}{200}$ kann durch den Räderzug $\dfrac{24 \times 19}{48 \times 100}$ ausgedrückt werden. Der Räderzug für das kleine Rad hat das 3fache Übersetzungsverhältnis, d. i. $\dfrac{72 \times 19}{48 \times 100}$. Beide Schrägzahnräder erfordern somit nur 1 Sonderrad. Wenn ein Rad mit 19 Zähnen unzweckmäßig klein ist, können die zwei Sonderräder 38 und 96 vorgesehen werden. Die zwei Räderzüge wären in diesem Falle $\dfrac{38 \times 24}{96 \times 100}$ und $\dfrac{72 \times 38}{96 \times 100}$. Die tatsächlich erhaltenen Steigungen wären $200 : \dfrac{19}{200} = \dfrac{40000}{19} = 2105{,}26$ mm und ein Drittel davon, d. i. 701,75 mm.

Es gibt viele andere brauchbare Annäherungen und unter ihnen bessere als $\dfrac{19}{200}$, welche aus dem obigen Schema nicht unmittelbar entnommen werden können, deren Behandlung jedoch aus dem Rahmen dieses Buches fällt.

Die Anschaffung von Sonderrädern ist um so mehr gerechtfertigt, wenn die Räder auch für andere Zwecke verwendet werden können. Die Wechselräder 38 und 96 im Beispiele 36 wären allgemein nützlich, da das Rad 38 die neue Primzahl 19 einführt und das Rad 96 es gestattet, $\dfrac{24}{96} = \dfrac{1}{4}$ durch einen einfachen Räderzug auszudrücken. Die Zahl 877 z. B. konnte mittels des normalen Wechselrädersatzes nicht genau geteilt werden (vgl. Beispiel 10). Wenn 880 als angenäherte Zahl gewählt wird, ist die Differenz 3, und das Übersetzungsverhältnis $ü = 40 \times \dfrac{3}{880} = \dfrac{3}{22} = \dfrac{24 \times 24}{44 \times 96}$ könnte mittels Mehrfachteilens ausgeführt werden, wenn ein Rad mit 96 Zähnen zur Verfügung stände.

Um ein anderes Beispiel anzuführen, möge in Erinnerung gebracht werden, daß die Steigung von 20 mm (im Beispiele 32) nur durch die Ausschaltung des Schneckengetriebes erzielt werden konnte und daß es sich später ergeben hat, daß diese Anordnung das gleichzeitige Teilen der Zahl 5 unmöglich macht. Ein Rad mit 96 Zähnen würde diese Aufgabe vereinfachen, da das Verhältnis $r = \dfrac{200}{20}$ [laut Gl. (5)] $= \dfrac{10}{4} \times \dfrac{4}{1} = \dfrac{100 \times 96}{40 \times 24}$ verwirklicht und das Teilen in der üblichen Weise ausgeführt werden kann.

Wenn eine Steigung eine runde Zahl in englischen Zollen ist, bringt es die Beziehung $1'' \sim 25,4$ mm mit sich, daß der Wert 25,4 durch Wechselräder ausgedrückt werden muß, z. B. durch eines der folgenden Verhältnisse:

1. $\dfrac{127}{5} = 25,4.$

2. $\dfrac{40 \times 40}{63} = 25,39683$; der Fehler ist 0,12 je 1000. (Der Fehler ist hier und in späteren ähnlichen Fällen auf den Wert 25,4 mm für 1 Zoll bezogen.)

Das erste Verhältnis wird vielfach auf Drehbänken angewendet, wo das große Rad 127 leicht untergebracht werden kann. Der zweite Wert bringt einen kleinen Fehler mit sich, kann jedoch in den meisten Fällen ohne Sonderräder angewendet werden.

Beispiel 37. Ein Gewinde mit 2 Zoll Steigung soll gefräst werden.

Wenn die Beschaffung von Sonderrädern nicht in Frage kommt, sucht man in Tab. 9 den nächsten Wert zu 50,8 mm $(= 2'')$; dies ist 50,74 mm und der Wechselräderzug dafür ist $\dfrac{86 \times 44}{24 \times 40}$. Wenn eine bessere Annäherung verlangt ist, erleichtern die obigen Werte für 25,4 die Wechselräderberechnung. Der Wert (2) z. B. führt zu dem Räderzug $\dfrac{100 \times 63}{40 \times 40} = \dfrac{72 \times 56}{32 \times 32}$; dieser Räderzug erfordert ein zweites Rad mit 32 Zähnen.

Bei der Herstellung von Schnecken ermöglichen einige grundsätzliche Verhältnisse, zufriedenstellende Räderzüge in einer einfachen Weise zu bestimmen. Schnecke und Schneckenrad haben gleiche Teilungen. Im Falle einer eingängigen Schnecke sind Steigung und Teilung identisch. Wenn die Schnecke zwei oder drei Gänge hat, ist die Steigung der zwei- oder dreifache Betrag der Teilung des zugehörigen Schneckenrades.

Die meisten Schneckengetriebe beruhen auf dem Modul m. Die Teilung ist $m\pi$ mm; einige Annäherungen an $\pi = 3,1415927$ sind:

1. $\dfrac{5 \times 71}{113} = 3,1415929$; der Fehler ist 0,00 je 1000.

2. $\dfrac{16 \times 43}{3 \times 73} = 3,1415525$; der Fehler ist 0,01 je 1000.

3. $\dfrac{13 \times 29}{4 \times 30} = 3,1416667$; der Fehler ist 0,02 je 1000.

4. $\dfrac{9 \times 37}{2 \times 53} = 3,1415094$; der Fehler ist 0,03 je 1000.

5. $\dfrac{8 \times 97}{13 \times 19} = 3,1417004$; der Fehler ist 0,03 je 1000.

6. $\dfrac{25 \times 47}{17 \times 22} = 3,1417112$; der Fehler ist 0,04 je 1000.

7. $\dfrac{19 \times 21}{127} = 3,1417323$; der Fehler ist 0,04 je 1000.

$$8.\ \frac{27 \times 32}{11 \times 25} = 3,1418182;\ \text{der Fehler ist } 0,07 \text{ je } 1000.$$

$$9.\ \frac{43 \times 45}{14 \times 44} = 3,1412338;\ \text{der Fehler ist } 0,11 \text{ je } 1000.$$

$$10.\ \frac{5 \times 49}{6 \times 13} = 3,1410256;\ \text{der Fehler ist } 0,18 \text{ je } 1000.$$

$$11.\ \frac{22}{7} = 3,1428571;\ \text{der Fehler ist } 0,40 \text{ je } 1000.$$

Das letzte Verhältnis ist in den meisten Fällen durch normale Wechselräder verwirklichbar; es ist jedoch mit einem beträchtlichen Fehler verbunden.

Das 8. und 9. Verhältnis in obiger Liste bestehen aus Zahlen, welche aus den Faktoren der normalen Zähnezahlen zusammengesetzt sind; man kommt jedoch nur in wenigen Fällen mit dem normalen Wechselrädersatz aus.

Das 1. Verhältnis, welches praktisch fehlerfrei ist, erfordert zwei Sonderräder, 71 und 113, und kann in vielen Fällen angewendet werden. Das 2. Verhältnis, gleichfalls mit einem sehr kleinen Fehler, verlangt ein Sonderrad 73; seine Anwendung ist jedoch einigermaßen beschränkt.

Beispiel 38. Eine viergängige Schnecke, Modul 6, soll gefräst werden.

Die Teilung ist 6π und die Steigung ist $24\pi = 75{,}398$ mm. Der dazu nächste Wert in Tab. 9 ist 75,43 mm mit dem Räderzuge $\dfrac{100 \times 56}{44 \times 48}$. Wenn ein besseres Resultat verlangt ist, muß ein Räderzug für $r = \dfrac{200}{24\pi} = \dfrac{25}{3} \cdot \dfrac{1}{\pi}$ berechnet werden. Der Wert (2) für π führt zu $\dfrac{25}{3} \cdot \dfrac{3 \times 73}{16 \times 43} = \dfrac{100 \times 73}{32 \times 86}$; der Wert (3) für π führt zu $\dfrac{25}{3} \cdot \dfrac{4 \times 30}{13 \times 29} = \dfrac{100 \times 40}{26 \times 58}$.
In beiden Fällen werden Sonderräder benötigt.

In Ländern, in welchen der Zoll die Längeneinheit ist, wird Schneckengetrieben oft das circular-pitch-System zugrunde gelegt (circular pitch ist die entlang des Teilkreises gemessene Teilung), hauptsächlich wegen der einfachen Herstellung der Schnecke. Die Steigung der Schnecke ist in diesen Fällen eine runde Abmessung in Zoll.

Beispiel 39. Eine viergängige Schnecke, $\dfrac{1}{2}''$ Teilung, soll gefräst werden.

Die Steigung ist $4 \times \dfrac{1}{2} = 2''$. Diese Steigung ist in Beispiel 37 behandelt worden.

Schneckengetriebe englischer oder amerikanischer Herkunft beruhen manchmal auf dem diametral pitch-System. Der diametral pitch ist der reziproke Wert des Zollmoduls, so daß diametral-pitch P dasselbe wie Modul $\dfrac{1}{P}$ Zoll oder $\dfrac{25{,}4}{P}$ Millimeter bedeutet. Die dazu gehörige Teilung ist $\dfrac{25{,}4\,\pi}{P}$. Einige Annäherungen an $25{,}4\,\pi = 79{,}7964546$ sind:

$$1.\ \frac{17 \times 20 \times 23}{7 \times 14} = 79{,}795918;\ \text{der Fehler ist } 0,01 \text{ je } 1000.$$

$$2.\ \frac{19 \times 21}{5} = 79{,}8;\ \text{der Fehler ist } 0,04 \text{ je } 1000.$$

$$3.\ \frac{64 \times 96}{7 \times 11} = 79{,}792208;\ \text{der Fehler ist } 0,05 \text{ je } 1000.$$

$$4.\ \frac{30 \times 125}{47} = 79{,}787234;\ \text{der Fehler ist } 0,12 \text{ je } 1000.$$

$$5.\ \frac{11 \times 20 \times 33}{7 \times 13} = 79{,}780220;\ \text{der Fehler ist } 0,20 \text{ je } 1000.$$

6. $\dfrac{27 \times 65}{2 \times 11} = 79{,}772727$; der Fehler ist 0,30 je 1000.

7. $\dfrac{44 \times 127}{7 \times 10} = 79{,}828571$; der Fehler ist 0,40 je 1000.

8. $\dfrac{20 \times 30 \times 40}{4 \times 43} = 79{,}734219$; der Fehler ist 0,78 je 1000.

Beispiel 40. Eine sechsgängige Schnecke, diametral pitch 4, soll gefräst werden.

Die Steigung ist $6 \times \dfrac{\pi}{4} = \dfrac{3\pi}{2}$ Zoll oder $\dfrac{3}{2} \times 25{,}4\,\pi = 119{,}69$ mm. Wenn eine bessere Annäherung als 119,60 in Tab. 9 verlangt ist, muß ein Räderzug für $r = \dfrac{200}{St} = \dfrac{200 \times 2}{3 \times 25{,}4\,\pi} = \dfrac{400}{3} \cdot \dfrac{1}{25{,}4\,\pi}$ bestimmt werden. Der Wert (2) für $25{,}4\,\pi$ führt zu dem Wechselräderzug $\dfrac{400}{3} \cdot \dfrac{5}{21 \times 19} = \dfrac{100 \times 40}{42 \times 57}$; der Wert (6) führt zu $\dfrac{400}{3} \cdot \dfrac{22}{27 \times 65} = \dfrac{44 \times 40}{27 \times 39}$. In beiden Fällen werden je zwei Sonderräder benötigt.

XII. Fräsen von Kurvenscheiben.

Der Umriß einer Kurvenscheibe, welche der angetriebenen Rolle eine gleichförmige Bewegung erteilt, wenn sie sich selbst gleichförmig dreht, hat die Gestalt einer Spirale; diese Art von Kurvenscheiben wird auf Automaten verwendet.

Die Schraubenlinie ist am Anfange des Abschnittes X definiert worden. Wenn ein Punkt sich in ähnlicher Weise gleichförmig um eine Achse dreht, sich dabei jedoch gleichförmig in radialer (statt achsialer) Richtung bewegt, beschreibt er

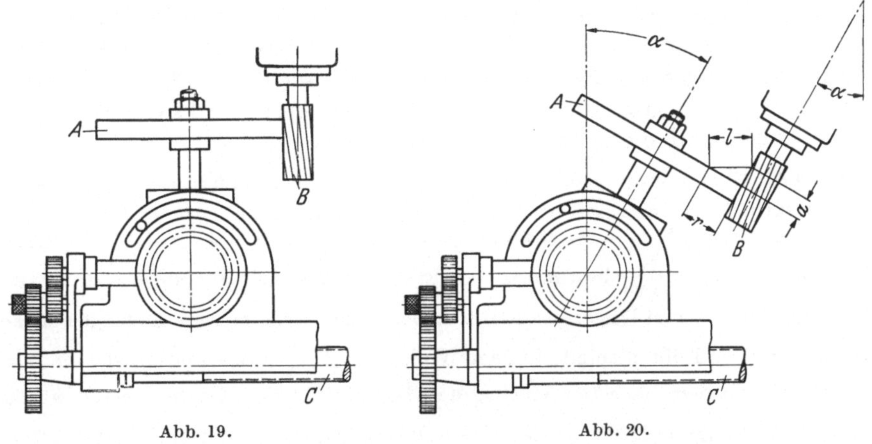

Abb. 19.   Abb. 20.

Abb. 19 und 20. Anordnung des Teilkopfes beim Fräsen von Kurvenscheiben.
A Werkstück, B Fräser, C Tischspindel.

diese Art von Spiralen. Das Fräsen solcher unrunder Scheiben ist daher mit dem Spiralfräsen verwandt. Die Fräsmaschine muß für diesen Zweck mit einem Universal-Fräskopf oder wenigstens mit einem Senkrecht-Fräskopf ausgestattet sein.

Die Teilkopfspindel und die Achse des Fräsers mögen zunächst senkrecht (Abb. 19) und der Fräser unendlich dünn angenommen werden. Wenn der Frästisch gegen den sich drehenden Fräser bewegt wird, dringt dieser in das Werkstück ein; wenn sich das Werkstück gleichzeitig dreht, erhält der Umfang des

Werkstückes die Gestalt einer Spirale. Wenn der Fräser einen endlichen Durchmesser hat, und zwar den gleichen wie die Rolle, welche von der Kurvenscheibe angetrieben wird, bewegt sich der Rollenmittelpunkt auf dieser Spirale.

In ähnlicher Weise wie die Steigung einer Schraubenlinie der Abstand ist, welchen ein Punkt in achsialer Richtung während einer Umdrehung zurücklegt, möge mit Steigung einer Kurvenscheibe der Abstand bezeichnet werden, welchen ein Punkt in radialer Richtung während einer Umdrehung zurücklegt.

Beispiel 41. Eine Kurvenscheibe soll gefräst werden, deren Hub auf 60 Graden 10 mm ist.

Die Steigung für 360° ist 6 × 10 = 60 mm. Wenn zwischen der Tischspindel und dem Teilkopf die Wechselräder angeordnet werden, welche in Tab. 9 für eine Steigung von 60 mm angegeben sind, und wenn die Teilkopfspindel senkrecht steht, wird die verlangte Steigung erreicht.

Die verlangte Steigung der Kurvenscheibe ist im allgemeinen nicht in Tab. 9 enthalten, kann aber trotzdem genau erhalten werden. Es möge angenommen werden, daß sowohl die Teilkopfspindel als auch die Fräserachse den Winkel α mit der senkrechten Richtung einnehmen (Abb. 20). Wenn sich der Frästisch in waagerechter Richtung um den Abstand l dem Fräser nähert, dringt dieser um den Betrag $r = l \cos \alpha$ in das Werkstück ein. Die Kurvenscheibe wandert gleichzeitig um den Betrag $a = l \sin \alpha$ oder $r \, \mathrm{tg}\, \alpha$ in achsialer Richtung entlang des Fräsers. Der Winkel α kann daher aus

$$\cos \alpha = \frac{r}{l} \qquad\qquad (7)$$

bestimmt werden. Es ist daher möglich, eine kleinere Steigung der Kurvenscheibe als diejenige Steigung zu erhalten, für welche die Wechselräder aufgesteckt sind. Wenn die verlangte Steigung einer Kurvenscheibe nicht in Tab. 9 enthalten ist, kann theoretisch jede größere Steigung benutzt werden; es wird sich jedoch zeigen, daß man zweckmäßig die nächsthöhere Steigung wählt.

Beispiel 42. Eine Kurvenscheibe mit einer Steigung von 15 mm soll gefräst werden.

Tab. 9 enthält die verlangte Steigung nicht. Wenn die Wechselräder für die nächstgrößere Steigung, d.i. 15,63 mm, gewählt werden, muß der Winkel $\alpha = 16°23'$ gemacht werden (durch $\cos \alpha = \dfrac{15}{15,63}$ bestimmt). Der Fräser muß wenigstens um $a = 15 \, \mathrm{tg}\, 16°23'$ oder um ungefähr $4\frac{1}{2}$ mm länger als die Dicke der Kurvenscheibe sein. Es möge angenommen werden, daß die Teilkopfspindel auf den Winkel $\alpha = 16\frac{1}{2}°$ eingestellt wird. (Die Winkel in Tab. 11 sind zu dem nächsten Viertelgrad abgerundet.) Die Kurvenscheibe würde in diesem Falle die Steigung $15,63 \cos 16\frac{1}{2}° = 14,99$ mm haben und der Fehler wäre 0,01 mm.

Wenn statt der nächstgrößeren Steigung in Tab. 9 die Steigung 50 mm gewählt würde, müßte der Winkel $\alpha = 72°33'$ gemacht werden (durch $\cos \alpha = \dfrac{15}{50}$ bestimmt). Der Fräser müßte wenigstens um $15 \, \mathrm{tg}\, 72°33'$ oder um mehr als 47 mm länger als die Dicke der Kurvenscheibe sein. Wenn beim Einstellen des Winkels dieselbe Abweichung wie oben gemacht wird, d.i. 7′, erhält die Kurvenscheibe eine Steigung von $50 \cos 72°40' = 14,90$ mm und der Fehler beträgt 0,1 mm oder zehnmal so viel als oben.

Beispiel 42 offenbart, daß der Fräser um so länger sein muß und daß der Einfluß einer Ungenauigkeit in der Stellung der Teilkopfspindel um so größer ist, je größer der Winkel α gemacht wird. Die Wechselräder sollen daher der nächstgrößeren Steigung in Tab. 9 entsprechen.

Die gleichen Mittel, welche beim Spiralfräsen für eine Verringerung der Steigung angewendet werden, können auch für eine Verringerung der Steigung einer Kurvenscheibe benutzt werden. Es ist daher möglich, kleinere Steigungen als 13,40 mm (die kleinste Steigung in Tab. 9) ohne die Notwendigkeit einer Schrägstellung der Teilkopfspindel zu erhalten.

Tab. 11 enthält die Räderzüge und die Winkel α für Steigungen von 10 bis 24,95 mm in Abstufungen von 0,05 mm. Die Abstufungen der Steigungen in Tab. 9 oberhalb von 25 mm sind ziemlich klein, so daß auch der Winkel α ziemlich klein gehalten werden kann. Der Winkel α kann mittels Tab. 12 ohne trigonometrische Tabellen bestimmt werden.

Beispiel 43. Eine Kurvenscheibe mit einer Steigung von 46 mm soll gefräst werden.

Die nächstgrößere Steigung in Tab. 9 ist 46,51 mm. Diese Steigung ist 0,51 mm oder $100 \times \dfrac{0,51}{46,51} = 1,095\%$ von 46,51 größer als die verlangte Steigung. Tab. 12 gibt für diesen Fall den Winkel $\alpha = 8\dfrac{1}{2}°$ an.

Die Steigung einer Kurvenscheibe und infolgedessen auch die Steigung, auf welcher die Wechselräder beruhen, ist meistens klein, so daß es ratsam ist, den Frästisch von Hand aus vorzuschieben. Es ist auch empfehlenswert, die Fräsmaschine dadurch zu entlasten, daß man durch Bohren von Löchern und Feilen dem Werkstücke eine der endgültigen ähnliche Gestalt gibt.

XIII. Skalenteilung.

Es gibt besondere Längsteilvorrichtungen für das Teilen von Zahnstangen, bei welchen die Tischspindel der Fräsmaschine mittels der Handkurbel gedreht wird, so daß es sich um ein unmittelbares Teilverfahren handelt. Die Tischspindel wird gleichzeitig durch Wechselräder mit einer Scheibe mit zwei Kerben verbunden, in welche ein Bolzen einschnappen kann; das Übersetzungsverhältnis der Wechselräder wird so gewählt, daß eine der Kerben vor den Bolzen zu liegen kommt, wenn die Tischspindel die gewünschte Drehung gemacht hat. Die Wechselräder werden für die verhältnismäßig kleine Anzahl der in Betracht kommenden Steigungen in Tabellen zusammengefaßt.

Beim Fräsen von Skalen und bei ähnlichen Arbeiten, bei welchen es sich nicht um normalisierte Steigungen handelt, können die Teilungen mittels des Teilkopfes ausgeführt werden. Das Werkstück wird in diesem Falle auf den Frästisch gespannt und der selbsttätige Vorschub wird ausgeschaltet. Wenn die Teilkopfspindel durch Wechselräder mit der Tischspindel verbunden ist (Abb. 16), bewirkt das Drehen der Handkurbel des Teilkopfes ein Drehen der Tischspindel und damit eine Verschiebung des Werktisches.

Da es mehr als 1000 verschiedene Anordnungen der Wechselräder (vgl. Tab. 9) und 18 verschiedene Lochkreise gibt, gibt es mehr als 18000 Verschiebungen des Werktisches (von welchen jedoch einige identisch sind) entsprechend einer Kurbeldrehung um ein Loch, so daß praktisch jede Skalenteilung erzielt werden kann.

Wenn Wechselräder mit der Übersetzung r verwendet werden und der Handkurbel des Teilkopfes die Kurbelbewegung n_k erteilt wird, macht die Teilkopfspindel $\dfrac{n_k}{40}$ und die Tischspindel $\dfrac{n_k\, r}{40}$ Umdrehungen, so daß der Frästisch um

$\dfrac{n_k\, r}{40} \times 5 = \dfrac{n_k\, r}{8}$ mm verschoben wird; die Skalenteilung ist daher

$$S\,k = \frac{n_k\, r}{8} \tag{8}$$

Beispiel 44. 1 m soll in 300 Teile geteilt werden.

Die Teilung ist $\dfrac{1000}{300} = \dfrac{10}{3}$ mm. Gemäß Gl. (8) ist $\dfrac{n_k\, r}{8} = \dfrac{10}{3}$ oder $n_k\, r = \dfrac{80}{3}$. Wenn $r = 6$ gewählt wird (der Wert, welcher im Abschnitte IV als Maximum empfohlen worden ist), ist die Kurbelbewegung $n_k = \dfrac{80}{3 \times 6} = \dfrac{40}{9} = 4\dfrac{4}{9}$; n_k kann daher $4\dfrac{12}{27}$ und $r = \dfrac{72 \times 48}{24 \times 24}$ gemacht werden.

Eine andere Aufteilung des Produktes $n_k\, r = \dfrac{80}{3}$ könnte davon ausgehen, der Kurbel eine Anzahl voller Umdrehungen zu erteilen. Wenn z. B. $n_k = 5$ gewählt wird, ergibt sich $r = \dfrac{80}{3} : 5 = \dfrac{16}{3}$, was durch den Räderzug $\dfrac{64 \times 56}{24 \times 28}$ verwirklicht werden kann.

Tab. 13 vereinfacht die Berechnungen, wenn die Teilungen in Form von Dezimalzahlen angegeben sind. Die Buchstaben E', F, G und H geben an, an welchen Stellen der Abb. 16 die Wechselräder aufzustecken sind. Diese Tabelle gestattet es, ein Resultat schnell zu erhalten; man kann jedoch mittels Gl. (8) oft Möglichkeiten mit kleineren oder ganzzahligen Kurbelbewegungen n_k finden.

Beispiel 45. Eine Skala soll Teilungen von 0,98 mm aufweisen.

Laut Tab. 13 entsprechen $n_k = \dfrac{2}{43}$ und $r = \dfrac{86 \times 48}{24 \times 100}$ einer Teilung von 0,01 mm. Es sind daher 98 Bewegungen von $\dfrac{2}{43}$ oder $\dfrac{2 \times 98}{43} = \dfrac{196}{43} = 4\dfrac{24}{43}$ Umdrehungen der Handkurbel erforderlich.

Eine andere Möglichkeit, mit einer kleineren Kurbelbewegung, ist $n_k = \dfrac{49}{20} = 2\dfrac{9}{20}$ und $r = \dfrac{64 \times 48}{24 \times 40}$. In beiden Fällen hat $n_k\, r$ den aus Gl. (8) erhältlichen Wert $\dfrac{196}{25}$.

Die feinste Teilung in Tab. 13 ist 0,001 mm. Man kann jedoch in manchen Fällen Teilungen erzielen, welche nicht ein Vielfaches von 0,001 mm sind.

Beispiel 46. Eine Skala soll Teilungen von 0,0999 mm aufweisen.

$\dfrac{n_k\, r}{8} = 0{,}0999 = \dfrac{999}{10\,000}$; $n_k\, r = \dfrac{999 \times 8}{10\,000} = \dfrac{999}{1250} = \dfrac{37 \times 9 \times 3}{10 \times 5 \times 25}$. Da die Zahl 37 für das Verhältnis r ungeeignet ist, muß sie in der Kurbelbewegung verwendet werden. Das Produkt $n_k\, r$ kann z. B. in $n_k = \dfrac{37}{40}$ und $r = \dfrac{9 \times 12}{5 \times 25} = \dfrac{72 \times 48}{40 \times 100}$ zerlegt werden.

Die im Beispiel 46 dargelegte Methode kann nur angewendet werden, wenn die Teilung in geeignete Faktoren zerlegt werden kann. Ein anderes Mittel, welches allgemeiner angewendet werden kann, ist die Einführung des Verbundteilens.

Beispiel 47. Eine Skala soll Teilungen von 0,5001 mm aufweisen.

Eine Teilung von 0,0001 mm ist in Tab. 13 nicht enthalten. Laut Gl. (8) ist $\dfrac{n_k\, r}{8} = 0{,}0001$ und $n_k\, r = \dfrac{8}{10\,000} = \dfrac{1}{1250}$. Selbst die kleinstmögliche Kurbelbewegung von $\dfrac{1}{49}$ würde ein Wechselräderverhältnis von $\dfrac{1}{1250} : \dfrac{1}{49} = \dfrac{49}{1250} \sim \dfrac{1}{25{,}5}$ verlangen, welches zu klein ist, um mit den zur Verfügung stehenden Wechselrädern verwirklicht zu werden. Verbundteilen mittels der Lochkreise 15 und 16 ermöglicht jedoch die gleichen Resultate wie ein Lochkreis 240. Mit $n_k = \dfrac{1}{240}$ erhält man $r = \dfrac{1}{1250} : \dfrac{1}{240} = \dfrac{240}{1250} = \dfrac{3 \times 8}{5 \times 25} = \dfrac{32 \times 24}{40 \times 100}$. Die

Teilbewegung für die Teilung 0,5001 mm ist $\dfrac{0,5001}{0,0001} = 5001 \cdot \dfrac{1}{240}$ oder $\dfrac{5001}{240} = 20\dfrac{7}{16} + \dfrac{6}{15}$.

Verbundteilen sollte nur angewendet werden, wenn — wie im Beispiel 47 — beide Bewegungen in derselben Richtung ausgeführt werden können.

Selbst Abstufungen von 0,0001 mm bilden nicht die Grenze, und noch höhere Dezimalstellen können mit guten Annäherungen erzielt werden.

Beispiel 48. Eine Skala soll Teilungen von 0,44444 aufweisen.

$\dfrac{n_k r}{8} = 0,44444 = \dfrac{44444}{100000}$ oder $n_k r = \dfrac{44444 \times 8}{100000} = \dfrac{44444}{3125}$. Der Bruch $\dfrac{44444}{3125}$ kann

mittels Kettenbrüche durch $\dfrac{32}{9}$ ersetzt werden, was auf verschiedene Weisen in geeignete

Werte n_k und r zerlegt werden kann. Wenn z. B. $r = 6 = \dfrac{72 \times 64}{24 \times 32}$ gewählt wird, ist

$n_k = \dfrac{32}{9} : 6 = \dfrac{16}{27}$, welche Kurbelbewegung mittels des Lochkreises 27 ausgeführt werden

kann. Die tatsächlich erzielte Teilung ist $\dfrac{n_k r}{8} = \dfrac{32}{9 \times 8} = \dfrac{4}{9} = 0,4$ mm.

Weder die im Beispiel 47 noch die im Beispiel 48 dargelegte Methode erfordert schwierige Rechnungen. Man sollte zu ihnen trotzdem nur in Ausnahmefällen greifen, da Tab. 13 für praktisch jede Skalenteilung ausreichend ist.

Wenn eine Längsteilung in englischen Zollen verlangt ist, kann man den entsprechenden Wert in Millimetern berechnen und die Teilung dementsprechend ausführen. Da die gleichwertige Millimeterteilung eine hohe Anzahl von Dezimalstellen haben muß, um eine genügende Genauigkeit zu erzielen, ist dieser Vorgang meist umständlich, und es ist einfacher, solche Aufgaben direkt zu lösen.

Da die Skalenteilung in mm $\dfrac{n_k r}{8}$ ist, ist $\dfrac{n_k r}{8 \times 25,4}$ dieselbe Teilung in Zoll ausgedrückt. Auf S. 37 ist 25,4 genau durch $\dfrac{127}{5}$ und angenähert durch $\dfrac{1600}{63}$ ausgedrückt worden. Wenn 25,4 derartig durch $\dfrac{127}{5}$ ersetzt werden kann, daß 127 in der Kurbelbewegung verwendet wird, ist es meist möglich, die entsprechende Zollteilung mittels der normalen Wechselräder auszuführen. Die Teilungen in Tab. 13 von 0,005″ aufwärts sind daher auch ohne die Verwendung eines Zahnrades 127 genau.

Beispiel 49. Eine Skala mit einer Teilung von 0,025″ soll gefräst werden.

Tab. 13 gibt an, daß bei Benutzung des Räderzuges $\dfrac{56 \times 28}{40 \times 100}$ zwischen Teilkopfspindel und Frästischspindel die Kurbelbewegung $\dfrac{127}{49}$ einer Teilung von 0,005″ entspricht. Um den Frästisch 0,025″ zu verschieben, müssen $\dfrac{0,025}{0,005} = 5$ solche Kurbelbewegungen zu $\dfrac{127 \times 5}{49} = \dfrac{635}{49} = 12\dfrac{47}{49}$ Umdrehungen vereinigt werden.

Die Werte von 0,00005″ bis 0,001″ in Tab. 13 beruhen auf dem Werte $\dfrac{1600}{63}$ für 25,4 und die Teilungen sind dementsprechend mit einem kleinen Fehler behaftet.

Beispiel 50. Eine Skala mit einer Teilung von 0,0505″ soll gefräst werden.

Tab. 13 enthält die Teilung 0,0005″. Da die verlangte Teilung $\dfrac{0,0505}{0,0005} = 101$mal so groß ist, wird der Räderzug für $0{,}0005''$ $\left(\text{d.i.}\ \dfrac{64 \times 48}{28 \times 40}\right)$ mit einer Kurbelbewegung von

$$101 \times \frac{1}{27} = \frac{101}{27} = 3\frac{20}{27}$$ verwendet.

Zollteilungen können in ähnlicher Weise erhalten werden, wenn statt der Teilung in Dezimalform die Anzahl der Teilungen auf 1 Zoll gegeben ist.

Beispiel 51. 19 Nuten je Zoll sollen gefräst werden (was mit einer Teilung von $\dfrac{1}{19}$ Zoll gleichbedeutend ist).

Es folgt aus $\dfrac{n_k\, r}{8 \times 25{,}4} = \dfrac{1}{19}$, daß $n_k\, r = \dfrac{8 \times 25{,}4}{19} = \dfrac{8 \times 127}{5 \times 19}$ sein soll. Da 127 und 19 für das Verhältnis r ungeeignet sind, werden sie für die Kurbelbewegung verwendet und das Produkt $n_k\, r$ kann z. B. in $n_k = \dfrac{127}{19} = 6\dfrac{13}{19}$ und $r = \dfrac{8}{5} = \dfrac{64 \times 24}{24 \times 40}$ zerlegt werden.

XIV. Fräsen sich verjüngender Nuten.

Beim Fräsen der radial gerichteten Nuten mancher Fräser und Kupplungen dient der Teilkopf außer dem Teilen auch dazu, das Werkstück in die richtige Lage relativ zu dem Werkzeug zu bringen (Abb. 21). Einen der bestbekannten Fälle sich verjüngender Nuten stellen Kegelräder dar, bei welchen sich das Profil mit der Entfernung von der Kegelspitze ändert. Da ein Formfräser nur Nuten gleichbleibenden Profils erzeugen kann, können Kegelräder auf einer Fräsmaschine nicht genau hergestellt werden. Man kann durch Fräsen ziemlich gute Annähe-

Abb. 21. Fräsen eines Spitzsenkers (Dionys Hofmann, Onstmettingen, Württ.).

rungen erzielen; eine erschöpfende Behandlung würde jedoch aus dem Rahmen dieses Buches fallen, und dieser Abschnitt behandelt bloß das Fräsen von Nuten, welche gleichbleibende, aus Geraden gebildete Profile haben.

a) Fräsen von Schaft- und Walzenstirnfräsern. Die Stirnzähne dieser Fräser konvergieren gegen die Achse und die Fasen oder Stirnenden der Zähne haben eine einheitliche Breite. Es ist jedoch bei der Ableitung der Gleichungen für die Berechnung des Neigungswinkels der Teilkopfspindel einfacher, zunächst scharfe Schneiden anzunehmen; um die gewünschten Fasen zu erzielen, ist es dann hinreichend genau, die Eindringtiefe des Werkzeuges zu verringern.

Die Aufgabe besteht darin, die Neigung der Teilkopfspindel (Winkel α in Abb. 22) für eine Nutenzahl n bei Benutzung eines Fräsers mit dem Winkel β zu finden.

Laut Abb. 22 bestehen folgende Beziehungen:

$$\frac{AB}{BC} = \operatorname{tg} \frac{360°}{n}$$

(Dreieck ABC)

$$\frac{DF}{DE} = \frac{DF}{AB} = \operatorname{ctg} \beta$$

(Dreieck DEF)

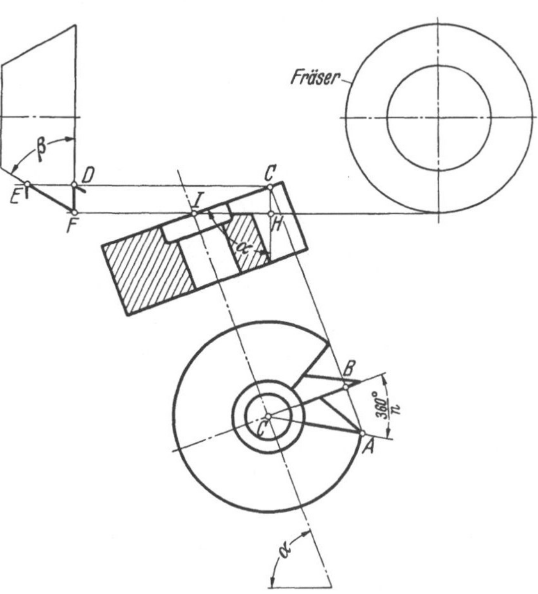

Abb. 22. Fräsen von Schaft- und Walzenstirnfräsern.

Durch die Multiplikation dieser zwei Gleichungen erhält man $\dfrac{AB}{BC} \cdot \dfrac{DF}{AB} = \dfrac{DF}{BC} \operatorname{tg} \dfrac{360°}{n} \cdot \operatorname{ctg} \beta$. Es besteht die weitere Beziehung

$$\frac{GH}{GI} = \frac{DF}{BC} = \cos \alpha \qquad \text{(Dreieck } GHI)$$

Daraus ergibt sich für die Berechnung des Winkels α die Beziehung

$$\cos \alpha = \operatorname{tg} \frac{360°}{n} \cdot \operatorname{ctg} \beta \qquad\qquad (9)$$

Beispiel 52. Ein Walzenstirnfräser mit 16 Zähnen soll mittels eines Winkelfräsers von 60° gefräst werden.

$$\cos \alpha = \operatorname{tg} \frac{360°}{16} \cdot \operatorname{ctg} 60° = \operatorname{tg} 22\frac{1}{2}° \cdot \operatorname{ctg} 60° = 0{,}41421 \cdot 0{,}57735 = 0{,}23914.$$ Daraus folgt $\alpha = 76° 10'$.

Dasselbe Resultat kann Tab. 14 entnommen werden.

b) Fräsen von Winkelfräsern. Der Winkel α, welchen die Teilkopfspindel mit der waagerechten Richtung einschließt, hängt von der Zähnezahl n, vom Winkel β des benutzten Fräsers und vom Winkel γ des Werkstückes ab.

Aus Abb. 23 ergeben sich folgende Beziehungen:

$$\frac{BC}{AC} = \cos \frac{360°}{n} \qquad\qquad \text{(Dreieck } ABC)$$

$$\frac{EF}{DF} = \frac{AC}{DF} = \operatorname{ctg} \gamma \qquad\qquad \text{(Dreieck } DEF)$$

Durch die Multiplikation beider Gleichungen erhält man $\dfrac{BC}{AC} \cdot \dfrac{AC}{DF} = \dfrac{BC}{DF} =$
$= \cos \dfrac{360°}{n} \cdot \operatorname{ctg} \gamma$. Es besteht die weitere Beziehung

$$\frac{GF}{DF} = \frac{BC}{DF} = \operatorname{tg} \varphi \qquad \text{(Dreieck } DGF)$$

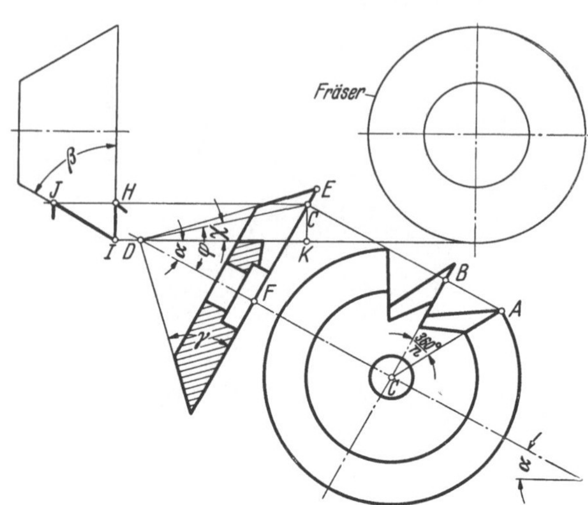

Abb. 23. Fräsen von Winkelfräsern.

Der Winkel φ kann daher aus

$$\operatorname{tg} \varphi = \cos \frac{360°}{n} \cdot \operatorname{ctg} \gamma$$

$$(10\,\text{a})$$

berechnet werden. Es bestehen die weiteren Beziehungen

$$\frac{AB}{BC} = \operatorname{tg} \frac{360°}{n}$$
$$\text{(Dreieck } ABC)$$

$$\frac{HI}{HJ} = \frac{HI}{AB} = \operatorname{ctg} \beta$$
$$\text{(Dreieck } HIJ)$$

$$\frac{GF}{DG} = \frac{BC}{DG} = \sin \varphi$$
$$\text{(Dreieck } DFG)$$

Man erhält durch die Multiplikation der drei vorhergehenden Gleichungen

$$\frac{AB}{BC} \cdot \frac{HI}{AB} \cdot \frac{BC}{DG} = \frac{HI}{DG} =$$
$$= \operatorname{tg} \frac{360°}{n} \cdot \operatorname{ctg} \beta \cdot \sin \varphi.$$

Es ist weiter

$$\frac{GK}{DG} = \frac{HI}{DG} = \sin \chi$$
$$\text{(Dreieck } DGK)$$

und es folgt

$$\sin \chi = \operatorname{tg} \frac{360°}{n} \cdot \operatorname{ctg} \beta \cdot \sin \varphi$$

$$(10\,\text{b})$$

Wenn man die Winkel φ und χ mittels der Gl. (10a) und (10b) berechnet hat, ergibt sich der gesuchte Winkel

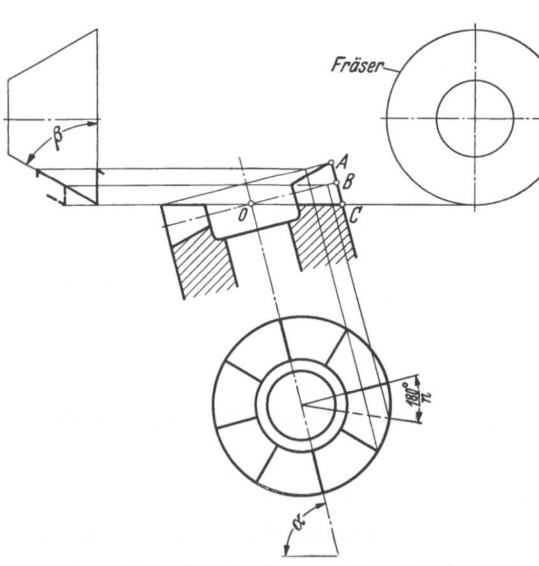

Abb. 24. Fräsen von Kupplungen mit Sägezähnen.

aus

$$\alpha = \varphi - \chi \qquad\qquad (10\,\text{c})$$

Beispiel 53. Ein Winkelfräser von 45° mit 20 Zähnen soll mittels eines einseitigen Winkelfräsers von 60° gefräst werden.

$$\operatorname{tg} \varphi = \cos \frac{360°}{20} \cdot \operatorname{ctg} 45° = 0{,}95106 \cdot 1 = 0{,}95106; \quad \varphi = 43° 34'.$$

$$\sin\chi = \text{tg }18° \cdot \text{ctg }60° \cdot \sin 43°34' = 0{,}32492 \cdot 0{,}57735 \cdot 0{,}68920 = 0{,}12929; \quad \chi = 7°26'.$$

$$\alpha = \varphi - \chi = 43°34' - 7°26' = 36°8'.$$

Die Winkel α für verschiedene Werkstückwinkel können den Tab. 15 bis 31 entnommen werden.

c) Fräsen von Kupplungen mit Sägezähnen. Abb. 24 zeigt die Anordnung beim Fräsen einer Kupplung mit Sägezähnen. Beide Teile der Kupplung werden in der gleichen Weise gefräst und die Geraden OA und OC schließen mit der Richtung OB (in einer zur Achse normalen Ebene) gleiche Winkel ein.

Abb. 24 läßt erkennen, daß das Fräsen von n Zähnen dieselbe Stellung des Teilkopfes erfordert wie das Fräsen der doppelten Anzahl oder $2n$ Zähne in einem Walzenstirnfräser, bei welchem die Stirnschneiden die Richtung OB einnehmen. Man braucht daher in Gl. (9) nur n durch $2n$ oder $\dfrac{360°}{n}$ durch $\dfrac{180°}{n}$ zu ersetzen.

$$\cos \alpha = \text{tg }\frac{180°}{n} \cdot \text{ctg }\beta \qquad (11)$$

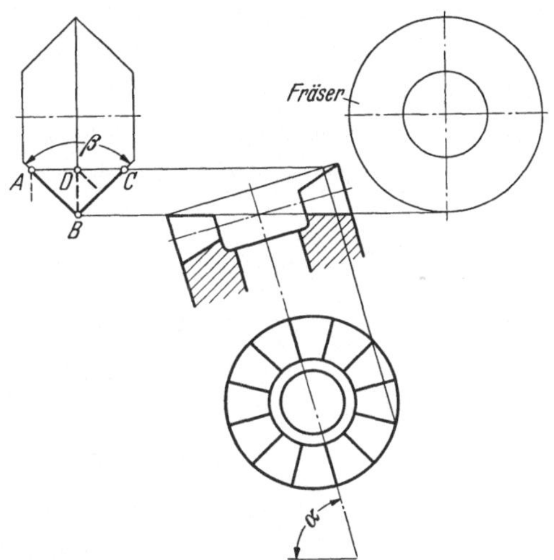

Abb. 25. Fräsen von V-förmigen Zähnen mittels doppelseitiger Winkelfräser.

Tab. 32 enthält die Winkel α für diese Art von Kupplungen.

Beispiel 54. Eine Kupplung mit 12 sägeförmigen Zähnen soll mittels eines einseitigen Winkelfräsers von 60° gefräst werden.

Tab. 32 gibt dafür an, daß die Teilkopfspindel einen Winkel von 81°6' mit der waagerechten Richtung einschließen soll.

d) Fräsen von V-förmigen Zähnen mittels doppelseitiger Winkelfräser. Abb. 25 zeigt die Anordnung beim Fräsen einer Kupplung mit V-förmigen Zähnen. Das Profil ABD (das ist die Hälfte der V-Form) würde erzielt werden, wenn ein einseitiger Winkelfräser mit dem halben zu erzeugenden Winkel die doppelte Anzahl von Nuten fräsen würde. Um den Neigungswinkel α der Teilkopfspindel zu berechnen, braucht man daher bloß in Gl. (11) den Winkel β durch $\dfrac{\beta}{2}$ und die Zähnezahl n durch $2n$ oder $\dfrac{180°}{n}$ durch $\dfrac{90°}{n}$ zu ersetzen.

$$\cos \alpha = \text{tg }\frac{90°}{n} \cdot \text{ctg }\frac{\beta}{2} \qquad (12)$$

Beispiel 55. 20 V-förmige Nuten sollen mittels eines doppelseitigen Winkelfräsers von 90° gefräst werden.

$$\cos\alpha = \text{tg }\frac{90°}{20} \cdot \text{ctg }\frac{90°}{2} = \text{tg }4\frac{1}{2}° \cdot \text{ctg }45° = 0{,}07870. \text{ Daraus ergibt sich } \alpha = 85°29'.$$

Dasselbe Resultat kann Tab. 33 entnommen werden.

Tabellen-Anhang.

Tabelle 1. *Einfachteilen.*

Teil-zahl	Lochkreis	Aufeinanderfolgendes Teilen	Mehrfachteilen		Teil-zahl	Lochkreis	Aufeinanderfolgendes Teilen	Mehrfachteilen	
		Umdrehungen der Handkurbel	Teilschritt	Umdrehungen der Handkurbel			Umdrehungen der Handkurbel	Teilzahl	Umdrehungen der Handkurbel
1	beliebig	40	—	—	26	39	$1^{21}/_{39}$	3	$4^{24}/_{39}$
2	beliebig	20	—	—	27	27	$1^{13}/_{27}$	2	$2^{26}/_{27}$
3	39	$13^{13}/_{39}$	—	—	28	49	$1^{21}/_{49}$	3	$4^{14}/_{49}$
4	beliebig	10	—	—	29	29	$1^{11}/_{29}$	2	$2^{22}/_{29}$
5	beliebig	8	2	16	30	39	$1^{13}/_{39}$	7	$9^{13}/_{39}$
6	39	$6^{26}/_{39}$	—	—	31	31	$1^{9}/_{31}$	2	$2^{18}/_{31}$
7	49	$5^{35}/_{49}$	2	$11^{21}/_{49}$	32	20	$1^{5}/_{20}$	3	$3^{15}/_{20}$
8	beliebig	5	3	15	33	33	$1^{7}/_{33}$	2	$2^{14}/_{33}$
9	27	$4^{12}/_{27}$	2	$8^{24}/_{27}$	34	17	$1^{3}/_{17}$	3	$3^{9}/_{17}$
10	beliebig	4	3	12	35	49	$1^{7}/_{49}$	2	$2^{14}/_{49}$
11	33	$3^{21}/_{33}$	2	$7^{9}/_{33}$	36	27	$1^{3}/_{27}$	5	$3^{9}/_{27}$
12	39	$3^{13}/_{39}$	5	$16^{26}/_{39}$	37	37	$1^{3}/_{37}$	2	$3^{9}/_{37}$
13	39	$3^{3}/_{39}$	2	$6^{6}/_{39}$	38	19	$1^{1}/_{19}$	3	$3^{3}/_{19}$
14	49	$2^{42}/_{49}$	3	$8^{28}/_{49}$	39	39	$1^{1}/_{39}$	2	$2^{2}/_{39}$
15	39	$2^{26}/_{39}$	2	$5^{13}/_{39}$	40	beliebig	1	3	3
16	20	$2^{10}/_{20}$	3	$7^{10}/_{20}$	41	41	$^{40}/_{41}$	2	$1^{39}/_{41}$
17	17	$2^{6}/_{17}$	2	$4^{12}/_{17}$	42	21	$^{20}/_{21}$	5	$4^{16}/_{21}$
18	27	$2^{6}/_{27}$	5	$11^{3}/_{27}$	43	43	$^{40}/_{43}$	2	$1^{37}/_{43}$
19	19	$2^{2}/_{19}$	2	$4^{4}/_{19}$	44	33	$^{30}/_{33}$	3	$2^{24}/_{33}$
20	beliebig	2	3	6	45	27	$^{24}/_{27}$	2	$1^{21}/_{27}$
21	21	$1^{19}/_{21}$	2	$3^{17}/_{21}$	46	23	$^{20}/_{23}$	3	$2^{14}/_{23}$
22	33	$1^{27}/_{33}$	3	$5^{15}/_{33}$	47	47	$^{40}/_{47}$	2	$1^{33}/_{47}$
23	23	$1^{17}/_{23}$	2	$3^{11}/_{23}$	48	18	$^{15}/_{18}$	5	$4^{3}/_{18}$
24	39	$1^{26}/_{39}$	5	$8^{13}/_{39}$	49	49	$^{40}/_{49}$	2	$1^{31}/_{49}$
25	20	$1^{12}/_{20}$	2	$3^{4}/_{20}$	50	20	$^{16}/_{20}$	3	$2^{8}/_{20}$

Tabelle 2. *Einfach- und Differenzteilen.*

Teilzahl	Lochkreis	Umdrehungen der Handkurbel	A	B	C	D	Anzahl der Zwischenräder
			Zähnezahlen der Wechselräder				
51	20	16/20	40	—	—	32	2
52	39	30/39	—	—	—	—	—
53	27	20/27	72	40	48	64	—
54	27	20/27	—	—	—	—	—
55	33	24/33	—	—	—	—	—
56	49	35/49	—	—	—	—	—
57	49	35/49	56	—	—	40	2
58	29	20/29	—	—	—	—	—
59	33	22/33	48	—	—	32	1
60	39	26/39	—	—	—	—	—
61	33	22/33	48	—	—	32	2
62	31	20/31	—	—	—	—	—
63	16	10/16	64	—	—	40	1
64	16	10/16	—	—	—	—	—
65	39	24/39	—	—	—	—	—
66	33	20/33	—	—	—	—	—
67	33	20/33	72	40	44	48	1
68	17	10/17	—	—	—	—	—
69	49	28/49	56	—	—	32	1
70	49	28/49	—	—	—	—	—
71	27	15/27	72	—	—	40	1
72	27	15/27	—	—	—	—	—
73	27	15/27	72	—	—	40	2
74	37	20/37	—	—	—	—	—
75	15	8/15	—	—	—	—	—
76	19	10/19	—	—	—	—	—
77	15	8/15	48	32	40	64	2
78	39	20/39	—	—	—	—	—
79	20	10/20	48	—	—	24	1
80	20	10/20	—	—	—	—	—
81	20	10/20	48	—	—	24	2
82	41	20/41	—	—	—	—	—
83	21	10/21	72	40	56	48	—
84	21	10/21	—	—	—	—	—
85	17	8/17	—	—	—	—	—
86	43	20/43	—	—	—	—	—
87	43	20/43	86	—	—	40	2
88	33	15/33	—	—	—	—	—
89	27	12/27	72	—	—	32	1
90	27	12/27	—	—	—	—	—
91	27	12/27	72	—	—	32	2
92	23	10/23	—	—	—	—	—
93	27	12/27	24	—	—	32	2
94	47	20/47	—	—	—	—	—
95	19	8/19	—	—	—	—	—
96	49	20/49	56	32	28	40	—
97	20	8/20	40	—	—	48	1
98	49	20/49	—	—	—	—	—
99	20	8/20	72	24	40	48	—
100	20	8/20	—	—	—	—	—
101	20	8/20	72	24	40	48	1
102	20	8/20	40	—	—	32	2
103	21	8/21	56	32	48	64	—
104	39	15/39	—	—	—	—	—
105	21	8/21	—	—	—	—	—
106	21	8/21	72	32	56	48	1
107	27	10/27	72	32	48	40	—
108	27	10/27	—	—	—	—	—
109	27	10/27	72	32	48	40	1
110	33	12/33	—	—	—	—	—
111	33	12/33	56	28	44	32	1
112	33	12/33	44	—	—	32	2
113	33	12/33	44	—	—	48	2
114	33	12/33	44	—	—	64	2
115	23	8/23	—	—	—	—	—
116	29	10/29	—	—	—	—	—
117	39	13/39	24	—	—	24	1
118	39	13/39	48	—	—	32	1
119	39	13/39	72	—	—	24	1
120	39	13/39	—	—	—	—	—
121	39	13/39	72	—	—	24	2
122	39	13/39	48	—	—	32	2
123	39	13/39	24	—	—	24	2
124	31	10/31	—	—	—	—	—
125	16	5/16	64	40	32	48	—
126	16	5/16	64	—	—	40	1
127	16	5/16	64	28	56	40	—
128	16	5/16	—	—	—	—	—
129	16	5/16	64	28	56	40	1
130	39	12/39	—	—	—	—	—
131	33	10/33	72	24	44	40	—
132	33	10/33	—	—	—	—	—
133	33	10/33	72	24	44	40	1
134	33	10/33	72	40	44	48	1
135	27	8/27	—	—	—	—	—
136	17	5/17	—	—	—	—	—
137	27	8/27	72	32	48	64	1
138	49	14/49	56	—	—	32	1
139	49	14/49	56	24	48	32	—
140	49	14/49	—	—	—	—	—
141	49	14/49	56	24	48	32	1
142	18	5/18	72	—	—	40	1
143	18	5/18	72	32	64	40	—
144	18	5/18	—	—	—	—	—
145	29	8/29	—	—	—	—	—
146	18	5/18	72	—	—	40	2
147	15	4/15	40	—	—	32	1
148	37	10/37	—	—	—	—	—
149	15	4/15	100	40	72	48	—
150	15	4/15	—	—	—	—	—
151	15	4/15	100	40	72	48	1
152	19	5/19	—	—	—	—	—
153	15	4/15	40	—	—	32	2
154	15	4/15	48	32	40	64	1
155	31	8/31	—	—	—	—	—
156	39	10/39	—	—	—	—	—
157	20	5/20	32	—	—	24	1
158	20	5/20	48	—	—	24	1
159	20	5/20	64	28	56	32	—
160	20	5/20	—	—	—	—	—
161	20	5/20	64	28	56	32	1
162	20	5/20	48	—	—	24	2
163	33	8/33	72	32	44	48	—
164	41	10/41	—	—	—	—	—
165	33	8/33	—	—	—	—	—
166	21	5/21	72	40	56	48	—
167	21	5/21	72	24	56	40	—
168	21	5/21	—	—	—	—	—
169	21	5/21	72	24	56	40	1
170	17	4/17	—	—	—	—	—
171	43	10/43	86	32	64	40	—
172	43	10/43	—	—	—	—	—
173	43	10/43	86	32	64	40	1
174	43	10/43	86	—	—	40	2
175	43	10/43	86	40	48	72	1
176	27	6/27	72	—	—	64	1
177	27	6/27	72	—	—	48	1
178	27	6/27	72	—	—	32	1

Tabelle 2. (Fortsetzung.)

Zähnezahlen der Wechselräder = A, B, C, D

Teilzahl	Lochkreis	Umdrehungen der Handkurbel	A	B	C	D	Anzahl der Zwischenräder
179	27	6/27	72	24	48	32	—
180	27	6/27	—	—	—	—	—
181	27	6/27	72	24	48	32	1
182	27	6/27	72	—	—	32	2
183	27	6/27	72	—	—	48	2
184	23	5/23	—	—	—	—	—
185	37	8/37	—	—	—	—	—
186	27	6/27	48	—	—	64	2
187	27	6/27	72	56	32	64	1
188	47	10/47	—	—	—	—	—
189	24	5/24	64	—	—	40	1
190	19	4/19	—	—	—	—	—
191	20	4/20	40	—	—	72	1
192	49	10/49	56	32	28	40	—
193	49	10/49	56	24	28	40	—
194	20	4/20	40	—	—	48	1
195	39	8/39	—	—	—	—	—
196	49	10/49	—	—	—	—	—
197	20	4/20	40	—	—	24	1
198	20	4/20	72	24	40	48	—
199	20	4/20	100	32	64	40	—
200	20	4/20	—	—	—	—	—
201	20	4/20	100	32	64	40	1
202	20	4/20	72	24	40	48	1
203	20	4/20	40	—	—	24	2
204	20	4/20	40	—	—	32	2
205	41	8/41	—	—	—	—	—
206	21	4/21	56	32	48	64	—
207	21	4/21	56	—	—	32	1
208	21	4/21	72	32	56	48	—
209	21	4/21	72	24	56	32	—
210	21	4/21	—	—	—	—	—

Teilzahl	Lochkreis	Umdrehungen der Handkurbel	A	B	C	D	Anzahl der Zwischenräder
211	16	3/16	64	—	—	28	1
212	43	8/43	86	—	—	48	1
213	43	8/43	86	—	—	32	1
214	43	8/43	86	28	56	32	—
215	43	8/43	—	—	—	—	—
216	27	5/27	—	—	—	—	—
217	43	8/43	86	—	—	32	2
218	33	6/33	48	24	44	32	—
219	33	6/33	72	24	44	24	—
220	33	6/33	—	—	—	—	—
221	33	6/33	72	24	44	24	1
222	33	6/33	48	24	44	32	1
223	33	6/33	44	—	—	24	2
224	33	6/33	44	—	—	32	2
225	33	6/33	44	—	—	40	2
226	33	6/33	44	—	—	48	2
227	33	6/33	44	—	—	56	2
228	33	6/33	44	—	—	64	2
229	33	6/33	44	—	—	72	2
230	23	4/23	—	—	—	—	—
231	18	3/18	32	—	—	48	1
232	29	5/29	—	—	—	—	—
233	18	3/18	40	—	—	56	1
234	18	3/18	24	—	—	24	1
235	47	8/47	—	—	—	—	—
236	18	3/18	48	—	—	32	1
237	18	3/18	64	—	—	32	1
238	18	3/18	72	—	—	24	1
239	18	3/18	72	24	64	32	—
240	18	3/18	—	—	—	—	—
241	18	3/18	72	24	64	32	1
242	18	3/18	72	—	—	24	2

Teilzahl	Lochkreis	Umdrehungen der Handkurbel	A	B	C	D	Anzahl der Zwischenräder
243	18	3/18	64	—	—	32	2
244	18	3/18	48	—	—	32	2
245	49	8/49	—	—	—	—	—
246	18	3/18	24	—	—	24	2
247	18	3/18	48	—	—	56	2
248	31	5/31	—	—	—	—	—
249	18	3/18	32	—	—	48	2
250	49	8/49	56	32	28	40	1
251	49	8/49	56	32	28	48	1
252	49	8/49	56	—	—	64	2
253	49	8/49	56	32	28	64	1
254	49	8/49	56	32	28	72	1
255	33	5/33	48	40	44	72	—
256	33	5/33	48	40	44	64	—
257	33	5/33	48	40	44	56	—
258	33	5/33	44	—	—	40	1
259	33	5/33	72	24	44	100	—
260	39	6/39	—	—	—	—	—
261	33	5/33	64	32	44	40	—
262	33	5/33	72	24	44	40	—
263	27	4/27	72	56	48	64	—
264	33	5/33	—	—	—	—	—
265	27	4/27	72	40	48	64	—
266	33	5/33	72	24	44	40	1
267	27	4/27	72	—	—	32	1
268	33	5/33	72	40	44	48	1
269	20	3/20	64	28	40	32	1
270	27	4/27	—	—	—	—	—
271	33	5/33	48	40	44	56	1
272	49	7/49	56	—	—	64	1
273	27	4/27	72	—	—	32	2
274	27	4/27	72	32	48	64	1

Teilzahl	Lochkreis	Umdrehungen der Handkurbel	A	B	C	D	Anzahl der Zwischenräder
275	49	7/49	56	—	—	40	1
276	49	7/49	56	—	—	32	1
277	49	7/49	56	—	—	24	1
278	49	7/49	56	24	48	32	—
279	49	7/49	72	24	56	24	—
280	49	7/49	—	—	—	—	—
281	49	7/49	72	24	56	24	1
282	49	7/49	56	24	48	32	1
283	49	7/49	56	—	—	24	2
284	49	7/49	56	—	—	32	2
285	49	7/49	56	—	—	40	2
286	49	7/49	56	—	—	48	2
287	49	7/49	24	—	—	24	2
288	49	7/49	28	—	—	32	2
289	49	7/49	56	—	—	72	2
290	29	4/29	—	—	—	—	—
291	15	2/15	40	—	—	48	1
292	15	2/15	72	48	40	64	—
293	15	2/15	72	48	40	56	—
294	15	2/15	40	—	—	32	1
295	15	2/15	48	—	—	32	1
296	37	5/37	—	—	—	—	—
297	15	2/15	72	24	40	48	—
298	15	2/15	100	40	72	48	—
299	15	2/15	100	24	72	40	—
300	15	2/15	—	—	—	—	—
301	15	2/15	100	24	72	40	1
302	15	2/15	100	40	72	48	1
303	15	2/15	100	—	—	40	2
304	15	2/15	72	32	40	48	1
305	15	2/15	48	—	—	32	2
306	15	2/15	40	—	—	32	2

Tabelle 2. (Fortsetzung.)

Teilzahl	Lochkreis	Umdrehungen der Handkurbel	A	B	C	D	Anzahl der Zwischenräder	Teilschnitt, wenn größer als
371	27	3/27	72	44	32	64	1	—
372	27	3/27	48	—	—	64	2	—
373	20	2/20	40	48	32	72	—	—
374	27	3/27	72	56	32	64	1	—
375	27	3/27	24	—	—	40	2	—
376	47	5/47	—	—	—	—	—	—
377	29	3/29	24	—	—	24	1	—
378	49	5/49	28	56	40	40	1	—
379	20	2/20	48	40	28	72	—	—
380	19	2/19	—	—	—	—	—	—
381	49	5/49	56	—	—	44	—	—
382	20	2/20	40	28	24	72	1	—
383	33	13/33	44	—	—	86	—	4
384	20	2/20	40	—	—	64	1	—
385	20	2/20	32	—	—	48	1	—
386	20	2/20	40	44	28	56	1	—
387	21	2/21	32	—	—	64	—	—
388	20	2/20	40	—	—	48	1	—
389	20	2/20	40	—	—	44	1	—
390	39	4/39	—	—	—	—	—	—
391	20	2/20	48	24	40	72	—	—
392	49	5/49	—	—	—	—	—	—
393	20	2/20	40	—	—	28	1	—
394	20	2/20	40	—	—	24	1	—
395	20	2/20	64	—	—	32	1	—
396	20	2/20	100	24	40	40	1	—
397	20	2/20	64	40	64	32	—	—
398	20	2/20	100	—	—	32	—	—
399	49	5/49	56	—	—	40	2	—
400	20	2/20	—	—	—	—	—	—
401	33	24/33	44	32	28	64	1	7
402	20	2/20	100	32	64	40	1	—

Teilzahl	Lochkreis	Umdrehungen der Handkurbel	A	B	C	D	Anzahl der Zwischenräder
339	43	5/43	86	24	48	100	—
340	17	2/17	—	—	—	—	—
341	43	5/43	86	24	32	40	—
342	43	5/43	86	32	64	40	—
343	15	2/15	40	64	24	86	1
344	43	5/43	—	—	—	—	—
345	27	3/27	24	—	—	40	1
346	43	5/43	86	32	64	40	1
347	43	5/43	86	24	32	40	1
348	43	5/43	86	—	—	40	2
349	43	5/43	86	24	48	100	1
350	43	5/43	86	40	48	72	1
351	43	5/43	86	40	32	56	1
352	27	3/27	72	—	—	64	1
353	27	3/27	72	—	—	56	1
354	27	3/27	72	—	—	48	1
355	27	3/27	72	—	—	40	1
356	27	3/27	72	—	—	32	1
357	27	3/27	72	—	—	24	1
358	27	3/27	72	—	—	32	—
359	43	5/43	86	28	56	100	1
360	27	3/27	—	—	—	—	—
361	19	2/19	32	48	32	64	1
362	27	3/27	72	—	—	32	1
363	27	3/27	72	28	56	24	2
364	27	3/27	72	—	—	32	2
365	27	3/27	72	—	—	40	2
366	27	3/27	48	—	—	32	2
367	27	3/27	72	—	—	56	2
368	27	3/27	72	—	—	64	2
369	27	3/27	24	—	—	24	—
370	37	4/37	—	—	—	—	—

Teilzahl	Lochkreis	Umdrehungen der Handkurbel	A	B	C	D	Anzahl der Zwischenräder
307	15	2/15	72	48	40	56	1
308	15	2/15	72	48	40	64	1
309	15	2/15	40	—	—	48	2
310	31	4/31	—	—	—	—	—
311	16	2/16	64	—	—	72	1
312	39	5/39	—	—	—	—	—
313	16	2/16	32	—	—	28	1
314	16	2/16	32	—	—	24	1
315	16	2/16	64	—	—	40	1
316	16	2/16	64	28	56	32	1
317	16	2/16	64	24	64	24	1
318	16	2/16	64	—	—	32	—
319	16	2/16	72	24	64	24	—
320	16	2/16	—	—	—	—	—
321	16	2/16	72	28	56	24	1
322	16	2/16	64	—	—	32	1
323	16	2/16	64	—	—	24	2
324	16	2/16	64	24	44	32	2
325	16	2/16	64	28	44	40	2
326	33	4/33	72	—	—	64	—
327	33	4/33	56	—	—	32	—
328	41	5/41	—	—	—	—	—
329	16	2/16	64	—	—	72	2
330	33	4/33	—	—	—	—	—
331	16	8/16	32	24	44	44	2
332	33	4/33	72	28	44	32	1
333	33	4/33	56	24	44	32	1
334	33	4/33	72	40	44	64	1
335	33	4/33	72	—	—	48	1
336	33	4/33	44	—	—	32	2
337	43	5/43	86	40	32	56	—
338	43	5/43	86	40	48	72	—

Tabelle 2. (Fortsetzung.)

Teilzahl	Lochkreis	Umdrehungen der Handkurbel	A	B	C	D	Anzahl der Zwischenräder	Teilschritt, wenn größer als 1
403	20	$2/20$	64	24	40	32	1	—
404	20	$2/20$	100	—	—	40	2	—
405	20	$2/20$	64	—	—	32	2	—
406	20	$2/20$	40	—	—	24	2	—
407	20	$2/20$	40	—	—	28	2	—
408	20	$2/20$	40	—	—	32	2	—
409	20	$2/20$	48	24	40	72	2	—
410	41	$4/41$	—	—	—	—	—	—
411	21	$2/21$	56	—	—	48	1	—
412	21	$2/21$	72	48	56	64	—	—
413	21	$2/21$	72	—	—	48	1	—
414	21	$2/21$	56	—	—	32	1	—
415	21	$2/21$	72	40	56	48	—	—
416	21	$2/21$	72	32	56	48	—	—
417	21	$2/21$	72	24	56	48	—	—
418	21	$2/21$	72	24	56	32	—	—
419	43	$4/43$	86	44	32	64	—	—
420	21	$2/21$	—	—	—	—	1	—
421	20	$2/20$	48	56	40	72	1	—
422	21	$2/21$	72	24	56	32	1	—
423	21	$2/21$	72	24	56	48	1	—
424	21	$2/21$	72	32	56	48	1	—
425	43	$4/43$	86	—	—	40	1	—
426	43	$4/43$	86	—	—	32	1	—
427	43	$4/43$	86	—	—	24	1	—
428	43	$4/43$	86	24	48	32	—	—
429	43	$4/43$	86	24	72	24	—	—
430	43	$4/43$	—	—	—	—	—	—
431	43	$4/43$	86	24	72	24	1	—
432	43	$4/43$	86	24	48	32	1	—
433	43	$4/43$	86	—	—	24	2	—
434	43	$4/43$	86	—	—	32	2	—

Teilzahl	Lochkreis	Umdrehungen der Handkurbel	A	B	C	D	Anzahl der Zwischenräder	Teilschritt, wenn größer als 1
435	43	$4/43$	86	—	—	40	2	—
436	33	$3/33$	72	24	44	48	—	—
437	33	$3/33$	64	24	44	32	—	—
438	33	$3/33$	72	24	44	24	—	—
439	43	$4/43$	86	—	—	72	2	—
440	33	$3/33$	—	—	—	—	—	—
441	43	$4/43$	86	44	32	64	1	—
442	33	$3/32$	72	24	44	24	1	—
443	33	$3/33$	64	24	44	32	1	—
444	33	$3/33$	72	24	44	48	1	—
445	33	$3/33$	64	32	44	40	1	—
446	33	$3/33$	44	—	—	24	2	—
447	33	$3/33$	44	—	—	28	2	—
448	33	$3/33$	44	—	—	32	2	—
449	33	$3/33$	64	32	44	72	1	—
450	33	$2/33$	44	—	—	40	2	—
451	33	$3/33$	24	—	—	24	2	—
452	33	$3/33$	44	—	—	48	2	—
453	21	$2/21$	32	44	28	64	1	—
454	33	$3/33$	44	—	—	56	2	—
455	33	$3/33$	44	40	32	48	1	—
456	33	$3/33$	44	—	—	64	2	—
457	15	$4/15$	72	32	40	56	1	3
458	33	$3/33$	44	—	—	72	2	—
459	27	$2/27$	24	48	24	72	—	—
460	23	$2/23$	—	—	—	—	—	—
461	33	$3/33$	44	28	24	72	1	—
462	33	$3/33$	32	—	—	64	2	—
463	49	$4/49$	56	48	28	72	—	—
464	33	$3/33$	44	32	24	72	1	—
465	49	$4/49$	56	32	28	100	—	—
466	49	$4/49$	56	48	28	64	—	—

Teilzahl	Lochkreis	Umdrehungen der Handkurbel	A	B	C	D	Anzahl der Zwischenräder	Teilschritt, wenn größer als 1
467	33	$3/33$	44	48	32	72	1	—
468	49	$4/49$	56	44	28	64	—	—
469	49	$4/49$	28	—	—	48	1	—
470	47	$4/47$	—	—	—	—	1	—
471	18	$3/18$	64	—	—	48	1	2
472	49	$4/49$	56	32	28	72	—	—
473	33	$3/33$	24	—	—	72	2	—
474	49	$4/49$	56	32	28	64	—	—
475	49	$4/49$	56	40	28	48	—	—
476	49	$4/49$	56	—	—	64	1	—
477	27	$2/27$	32	56	24	64	—	—
478	49	$4/49$	56	32	28	48	—	—
479	49	$4/49$	56	32	28	44	—	—
480	49	$4/49$	56	32	28	40	—	—
481	49	$4/49$	56	24	28	48	—	—
482	33	$3/33$	44	56	24	72	1	—
483	49	$4/49$	56	—	—	32	1	—
484	49	$4/49$	56	24	28	32	—	—
485	33	$3/33$	44	72	40	100	1	—
486	27	$2/27$	32	56	28	64	—	—
487	18	$3/18$	48	—	—	28	2	2
488	33	$3/33$	44	64	24	72	1	—
489	18	$3/18$	64	—	—	48	2	2
490	49	$4/49$	—	—	—	—	—	—
491	43	$10/43$	86	40	24	100	—	3
492	27	$2/27$	24	32	24	64	—	—
493	29	$2/29$	32	64	24	72	—	—
494	39	$3/39$	32	—	—	64	1	—
495	27	$2/27$	32	40	24	64	—	—
496	49	$4/49$	56	24	28	32	1	—
497	49	$4/49$	56	—	—	32	2	—
498	27	$2/27$	48	56	24	64	—	—

Tabelle 2. (Fortsetzung.)

Teilzahl	Lochkreis	Umdrehungen der Handkurbel	A	B	C	D	Anzahl der Zwischenräder	Teilschritt, wenn größer als 1
499	49	$4/49$	56	24	28	48	1	—
500	49	$4/49$	56	32	28	40	1	—
501	49	$4/49$	56	32	28	44	1	—
502	49	$4/49$	56	32	28	48	1	—
503	33	$5/33$	48	40	44	100	—	2
504	49	$4/49$	56	—	—	64	2	—
505	49	$4/49$	56	40	28	48	1	—
506	49	$4/49$	56	32	28	64	1	—
507	39	$3/39$	24	—	—	24	1	—
508	49	$4/49$	56	32	28	72	1	—
509	33	$8/33$	72	56	44	64	1	3
510	49	$4/49$	56	40	28	64	1	—
511	49	$4/19$	28	—	—	48	2	—
512	49	$4/49$	56	44	28	64	1	—
513	27	$2/27$	32	—	—	64	1	—
514	49	$4/49$	56	48	28	64	1	—
515	27	$2/27$	72	64	48	100	—	—
516	27	$2/27$	72	48	24	64	—	—
517	49	$4/49$	56	48	28	72	1	—
518	27	$2/27$	72	44	24	64	—	—
519	27	$2/27$	72	56	32	64	—	—
520	39	$3/39$	—	—	—	—	—	—
521	33	$5/33$	48	28	44	40	—	2
522	27	$2/27$	48	—	—	64	1	—
523	16	$4/16$	24	—	—	86	2	3
524	27	$2/27$	72	32	24	64	1	—
525	27	$2/27$	72	40	32	64	—	—
526	27	$2/27$	72	56	48	64	—	—
527	31	$2/31$	32	64	24	72	—	—
528	27	$2/27$	72	—	—	64	1	—
529	27	$2/27$	72	44	48	64	—	—
530	27	$2/27$	72	40	48	64	—	—

Teilzahl	Lochkreis	Umdrehungen der Handkurbel	A	B	C	D	Anzahl der Zwischenräder	Teilschritt, wenn größer als 1
531	27	$2/27$	72	—	—	48	1	—
532	27	$2/27$	72	32	48	64	—	—
533	27	$2/27$	72	32	48	56	—	—
534	27	$2/27$	72	—	—	32	1	—
535	27	$2/27$	72	32	48	40	—	—
536	43	$10/43$	86	32	24	100	1	3
537	27	$2/27$	72	28	56	32	—	—
538	33	$12/33$	44	32	40	48	—	5
539	49	$4/49$	32	56	28	64	1	—
540	27	$2/27$	—	—	—	—	—	—
541	43	$10/43$	86	40	24	100	1	3
542	43	$16/43$	100	40	86	72	1	5
543	27	$2/27$	72	28	56	32	1	—
544	15	$1/15$	40	56	24	64	—	—
545	27	$2/27$	72	32	48	40	1	—
546	27	$2/27$	72	—	—	32	2	—
547	27	$2/27$	72	32	48	56	1	—
548	27	$2/27$	72	32	48	64	1	—
549	27	$2/27$	72	—	—	48	2	—
550	27	$2/27$	72	40	48	64	1	—
551	27	$2/27$	72	44	48	64	1	—
552	27	$2/27$	72	—	—	64	2	—
553	49	$4/49$	32	64	28	72	1	—
554	27	$2/27$	72	56	48	64	1	—
555	27	$2/27$	72	40	32	64	1	—
556	27	$2/27$	72	32	24	64	1	—
557	15	$1/15$	48	64	40	86	—	—
558	27	$2/27$	48	—	—	64	2	—
559	39	$3/39$	24	—	—	72	2	—
560	27	$2/27$	72	40	24	64	1	—
561	27	$2/27$	72	56	32	64	1	—
562	27	$2/27$	72	44	24	64	1	—

Teilzahl	Lochkreis	Umdrehungen der Handkurbel	A	B	C	D	Anzahl der Zwischenräder	Teilschritt, wenn größer als 1
563	49	$7/49$	64	24	56	32	1	2
564	27	$2/27$	72	48	24	64	1	—
565	27	$2/27$	72	64	48	100	1	—
566	43	$3/43$	86	—	—	44	1	—
567	27	$2/27$	32	—	—	64	2	—
568	27	$2/27$	72	56	24	64	1	—
569	49	$7/49$	56	24	48	72	1	2
570	15	$1/15$	32	—	—	64	1	—
571	43	$3/43$	86	24	48	28	—	—
572	15	$1/15$	48	56	40	64	—	—
573	15	$1/15$	40	—	—	72	1	—
574	16	$1/16$	32	44	24	72	—	—
575	15	$1/15$	24	—	—	40	1	—
576	15	$1/15$	40	—	—	64	1	—
577	43	$3/43$	86	24	48	44	1	—
578	15	$1/15$	48	44	40	64	—	—
579	15	$1/15$	40	—	—	56	1	—
580	29	$2/29$	—	—	—	—	—	—
581	49	$7/49$	48	—	—	72	2	2
582	15	$1/15$	40	—	—	48	1	—
583	27	$2/27$	72	64	24	86	1	—
584	15	$1/15$	48	32	40	64	—	—
585	15	$1/15$	24	—	—	24	1	—
586	15	$1/15$	48	32	40	56	—	—
587	49	$7/49$	56	48	32	72	1	2
588	15	$1/15$	40	—	—	32	1	—
589	31	$2/31$	72	44	40	48	—	—
590	15	$1/15$	72	—	—	48	1	—
591	15	$1/15$	40	—	—	24	1	—
592	15	$1/15$	72	32	40	48	—	—
593	15	$1/15$	72	24	40	56	—	—
594	15	$1/15$	100	—	—	40	1	—

Tabelle 2. (Fortsetzung.)

Teilzahl	Lochkreis	Umdrehungen der Handkurbel	A	B	C	D	Anzahl der Zwischenräder	Teilschritt, wenn größer als 1
595	15	$^1/_{15}$	72	—	—	24	1	—
596	15	$^1/_{15}$	100	40	72	48	—	—
597	15	$^1/_{15}$	100	32	64	40	—	—
598	15	$^1/_{15}$	100	24	72	40	—	—
599	43	$^{20}/_{43}$	86	24	56	40	—	7
600	15	$^1/_{15}$	—	—	—	—	—	—
601	18	$^5/_{18}$	72	40	32	100	1	4
602	15	$^1/_{15}$	100	24	72	40	1	—
603	15	$^1/_{15}$	100	32	64	40	1	—
604	15	$^1/_{15}$	100	40	72	48	1	—
605	15	$^1/_{15}$	72	—	—	24	2	—
606	15	$^1/_{15}$	100	—	—	40	2	—
607	15	$^1/_{15}$	72	24	40	56	1	—
608	15	$^1/_{15}$	72	32	40	48	1	—
609	15	$^1/_{15}$	40	—	—	24	2	—
610	15	$^1/_{15}$	72	—	—	48	2	—
611	15	$^1/_{15}$	72	44	40	48	1	—
612	15	$^1/_{15}$	40	—	—	32	2	—
613	16	$^1/_{16}$	64	48	32	72	—	—
614	15	$^1/_{15}$	48	32	40	56	1	—
615	15	$^1/_{15}$	24	—	—	24	2	—
616	15	$^1/_{15}$	48	32	40	64	1	—
617	33	$^2/_{33}$	48	64	44	86	—	—
618	15	$^1/_{15}$	40	—	—	48	2	—
619	16	$^1/_{16}$	64	48	32	56	—	—
620	31	$^2/_{31}$	—	—	—	—	—	—
621	15	$^1/_{15}$	40	—	—	56	2	—
622	16	$^1/_{16}$	64	—	—	72	1	—
623	49	$^7/_{49}$	32	72	24	48	1	2
624	16	$^1/_{16}$	24	—	—	24	1	—
625	16	$^1/_{16}$	64	40	32	48	—	—
626	16	$^1/_{16}$	64	—	—	56	1	—
627	15	$^1/_{15}$	40	—	—	72	2	—
628	16	$^1/_{16}$	64	—	—	48	1	—
629	16	$^1/_{16}$	64	—	—	44	1	—
630	16	$^1/_{16}$	64	—	—	40	1	—
631	16	$^1/_{16}$	64	24	48	72	—	—
632	16	$^1/_{16}$	64	—	—	32	1	—
633	16	$^1/_{16}$	64	—	—	28	1	—
634	16	$^1/_{16}$	64	—	—	24	1	—
635	16	$^1/_{16}$	64	28	56	40	—	—
636	16	$^1/_{16}$	64	28	56	32	—	—
637	16	$^1/_{16}$	64	24	56	28	—	—
638	16	$^1/_{16}$	72	24	64	24	—	—
639	33	$^2/_{33}$	44	—	—	56	1	—
640	16	$^1/_{16}$	—	—	—	—	—	—
641	43	$^8/_{43}$	86	32	72	48	—	3
642	16	$^1/_{16}$	72	24	64	24	1	—
643	16	$^1/_{16}$	64	24	56	28	1	—
644	16	$^1/_{16}$	64	28	56	32	1	—
645	16	$^1/_{16}$	64	28	56	40	1	—
646	16	$^1/_{16}$	64	—	—	24	2	—
647	16	$^1/_{16}$	64	—	—	28	2	—
648	16	$^1/_{16}$	64	—	—	32	2	—
649	16	$^1/_{16}$	64	24	48	72	1	—
650	33	$^2/_{33}$	72	40	44	48	—	—
651	33	$^2/_{33}$	44	—	—	24	1	—
652	33	$^2/_{33}$	72	32	44	48	—	—
653	33	$^2/_{33}$	72	24	44	56	—	—
654	33	$^2/_{33}$	72	24	44	48	—	—
655	33	$^2/_{33}$	72	24	44	40	—	—
656	33	$^2/_{33}$	72	24	44	32	—	—
657	33	$^2/_{33}$	72	24	44	24	—	—
658	16	$^1/_{16}$	64	—	—	72	2	—
659	43	$^8/_{43}$	86	32	24	56	1	3
660	33	$^2/_{33}$	—	—	—	—	—	—
661	16	$^1/_{16}$	64	48	32	56	—	—
662	16	$^1/_{16}$	32	—	—	44	2	—
663	33	$^2/_{33}$	72	24	44	24	1	—
664	33	$^2/_{33}$	72	24	44	32	1	—
665	33	$^2/_{33}$	72	24	44	40	1	—
666	33	$^2/_{33}$	72	24	44	48	1	—
667	33	$^2/_{33}$	72	24	44	56	1	—
668	33	$^2/_{33}$	72	32	44	48	1	—
669	33	$^2/_{33}$	44	—	—	24	2	—
670	33	$^2/_{33}$	72	40	44	48	1	—
671	33	$^2/_{33}$	48	—	—	32	2	—
672	33	$^2/_{33}$	44	—	—	32	2	—
673	16	$^1/_{16}$	64	44	24	72	1	—
674	33	$^2/_{33}$	44	28	24	32	1	—
675	33	$^2/_{33}$	44	—	—	40	2	—
676	33	$^2/_{33}$	48	32	44	64	1	—
677	18	$^1/_{18}$	72	48	24	86	—	—
678	33	$^2/_{33}$	44	—	—	48	2	—
679	49	$^3/_{49}$	28	—	—	44	2	—
680	17	$^1/_{17}$	—	—	—	—	—	—
681	33	$^2/_{33}$	44	—	—	56	2	—
682	33	$^2/_{33}$	48	—	—	64	2	—
683	16	$^1/_{16}$	32	—	—	86	2	—
684	33	$^2/_{33}$	44	—	—	64	2	—
685	33	$^2/_{53}$	48	32	44	100	1	—
686	15	$^1/_{15}$	40	64	24	86	1	—
687	33	$^2/_{33}$	44	—	—	72	2	—
688	33	$^2/_{33}$	44	28	24	64	1	—
689	39	$^2/_{39}$	32	56	24	64	—	—
690	18	$^1/_{18}$	24	—	—	40	1	—

Tabelle 2. (Fortsetzung.)

Teilzahl	Lochkreis	Umdrehungen der Handkurbel	A	B	C	D	Anzahl der Zwischenräder	Teilschritt, wenn größer als 1
691	43	$5/43$	64	24	86	40	1	2
692	18	$1/18$	72	56	32	64	—	—
693	18	$1/18$	48	—	—	72	1	—
694	49	$14/49$	100	40	56	48	—	5
695	18	$1/18$	72	—	—	100	1	—
696	18	$1/18$	48	—	—	64	1	—
697	17	$1/17$	24	—	—	24	2	—
698	18	$1/18$	72	44	32	64	—	—
699	18	$1/18$	48	—	—	56	1	—
700	18	$1/18$	72	40	32	64	—	—
701	27	$13/27$	72	44	24	86	1	8
702	18	$1/18$	24	—	—	24	1	—
703	33	$2/33$	44	32	24	86	1	—
704	18	$1/18$	72	—	—	64	1	—
705	18	$1/18$	48	—	—	40	1	—
706	18	$1/18$	72	—	—	56	1	—
707	49	$5/49$	40	44	28	100	—	2
708	18	$1/18$	72	—	—	48	1	—
709	18	$1/18$	72	—	—	44	1	—
710	18	$1/18$	72	—	—	40	1	—
711	18	$1/18$	64	—	—	32	1	—
712	18	$1/18$	72	—	—	32	1	—
713	18	$1/18$	72	—	—	28	1	—
714	18	$1/18$	72	—	—	24	1	—
715	18	$1/18$	72	24	48	40	—	—
716	18	$1/18$	72	24	48	32	—	—
717	18	$1/18$	72	24	64	32	—	—
718	49	$14/49$	56	32	40	72	1	5
719	33	$9/33$	100	40	44	86	—	5
720	18	$1/18$	—	—	—	—	—	—
721	49	$5/49$	32	40	28	72	—	2
722	19	$1/19$	32	—	—	64	1	—

Teilzahl	Lochkreis	Umdrehungen der Handkurbel	A	B	C	D	Anzahl der Zwischenräder	Teilschritt, wenn größer als 1
723	18	$1/18$	72	24	64	32	1	—
724	18	$1/18$	72	24	48	32	1	—
725	18	$1/18$	72	24	48	40	1	—
726	18	$1/18$	72	—	—	24	2	—
727	18	$1/18$	72	—	—	28	2	—
728	18	$1/18$	72	—	—	32	2	—
729	18	$1/18$	64	—	—	32	2	—
730	18	$1/18$	72	—	—	40	2	—
731	18	$1/18$	72	—	—	44	2	—
732	18	$1/18$	72	—	—	48	2	—
733	43	$5/43$	86	72	32	100	1	2
734	18	$1/18$	72	—	—	56	2	—
735	18	$1/18$	48	—	—	40	2	—
736	18	$1/18$	72	—	—	64	2	—
737	20	$1/20$	40	56	32	72	—	—
738	18	$1/18$	24	—	—	24	2	—
739	43	$16/43$	86	24	28	72	—	7
740	37	$2/37$	—	—	—	—	—	—
741	19	$1/19$	24	—	—	24	1	—
742	18	$1/18$	72	44	32	64	1	—
743	49	$14/49$	40	32	28	86	1	5
744	18	$1/18$	48	—	—	64	2	—
745	18	$1/18$	72	—	—	100	2	—
746	20	$1/20$	40	48	32	72	—	—
747	18	$1/18$	48	—	—	72	2	—
748	18	$1/18$	72	56	32	64	1	—
749	49	$5/49$	56	—	—	100	1	2
750	18	$1/18$	24	—	—	40	2	—
751	33	$3/33$	44	72	24	86	—	2
752	18	$1/18$	48	32	24	64	1	—
753	18	$1/18$	24	—	—	44	2	—
754	21	$1/21$	28	32	24	86	—	—

Teilzahl	Lochkreis	Umdrehungen der Handkurbel	A	B	C	D	Anzahl der Zwischenräder	Teilschritt, wenn größer als 1
755	18	$1/18$	48	40	24	56	1	—
756	18	$1/18$	32	—	—	64	2	—
757	20	$1/20$	40	—	—	86	1	—
758	20	$1/20$	40	48	32	56	—	—
759	21	$1/21$	32	48	28	72	—	—
760	19	$1/19$	—	—	—	40	1	—
761	16	$5/16$	64	28	48	40	—	6
762	18	$1/18$	24	—	—	56	2	—
763	18	$1/18$	72	48	24	86	1	—
764	20	$1/20$	40	—	—	72	1	—
765	20	$1/20$	32	—	—	56	1	—
766	15	$4/15$	100	32	24	64	1	5
767	20	$1/20$	40	44	32	48	—	—
768	20	$1/20$	40	—	—	64	1	—
769	18	$1/18$	24	28	24	56	1	—
770	20	$1/20$	32	—	—	48	1	—
771	33	$8/33$	44	64	40	72	—	5
772	20	$1/20$	40	—	—	56	1	—
773	20	$1/20$	64	48	40	72	—	—
774	18	$1/18$	24	—	—	72	2	—
775	20	$1/20$	32	—	—	40	1	—
776	20	$1/20$	40	—	—	48	1	—
777	37	$2/37$	32	—	—	64	2	—
778	20	$1/20$	40	—	—	44	1	—
779	19	$1/19$	24	—	—	24	2	—
780	39	$2/39$	—	—	—	24	—	—
781	33	$3/33$	32	48	24	72	—	2
782	20	$1/20$	48	24	40	72	—	—
783	18	$1/18$	32	48	24	56	1	—
784	20	$1/20$	40	—	—	32	1	—
785	20	$1/20$	64	—	—	48	1	—
786	20	$1/20$	40	—	—	28	1	—

Tabelle 2. (Fortsetzung.)

Teilzahl	Lochkreis	Umdrehungen der Handkurbel	Zähnezahlen der Wechselräder				Anzahl der Zwischenräder	Teilschritt, wenn größer als 1
			A	B	C	D		
*787	20	$1/20$	40	—	—	26	1	—
788	20	$1/20$	40	—	—	24	1	—
789	20	$1/20$	64	32	40	44	—	—
790	20	$1/20$	64	—	—	32	1	—
791	20	$1/20$	64	24	40	48	—	—
792	20	$1/20$	100	—	—	40	1	—
793	20	$1/20$	64	28	40	32	—	—
794	20	$1/20$	100	24	32	40	—	—
795	20	$1/20$	64	28	56	32	—	—
796	20	$1/20$	100	24	48	40	—	—
797	20	$1/20$	100	24	64	40	—	—
798	19	$1/19$	32	—	—	64	2	—
799	47	$5/47$	40	—	—	100	2	2
800	20	$1/20$	—	—	—	—	—	—
801	18	$1/18$	32	48	24	72	1	—
802	33	$12/33$	44	32	28	64	1	7
803	20	$1/20$	100	24	64	40	1	—
804	20	$1/20$	100	24	48	40	1	—
805	20	$1/20$	64	28	56	32	1	—
806	20	$1/20$	100	24	32	40	1	—
807	20	$1/20$	64	28	40	32	1	—
808	20	$1/20$	100	—	—	40	2	—
809	20	$1/20$	64	24	40	48	1	—
810	20	$1/20$	64	—	—	32	2	—
811	20	$1/20$	64	32	40	44	1	—
812	20	$1/20$	40	—	—	24	2	—

* Das Sonderrad 26 kann durch die folgende Annäherung vermieden werden.

786,989	19	$1/19$	64	40	44	100	1	—

Teilzahl	Lochkreis	Umdrehungen der Handkurbel	Zähnezahlen der Wechselräder				Anzahl der Zwischenräder	Teilschritt, wenn größer als 1
			A	B	C	D		
813	21	$1/21$	56	—	—	72	1	—
814	20	$1/20$	40	—	—	28	2	—
815	20	$1/20$	64	—	—	48	2	—
816	20	$1/20$	40	—	—	32	2	—
817	43	$2/43$	32	—	—	64	1	—
818	20	$1/20$	48	24	40	72	1	—
819	21	$1/21$	24	—	—	24	1	—
820	41	$2/41$	—	—	—	—	—	—
821	20	$1/20$	64	48	40	56	1	—
822	21	$1/21$	56	—	—	48	1	—
823	16	$5/16$	48	44	32	100	1	6
824	21	$1/21$	56	32	48	64	—	—
825	21	$1/21$	56	—	—	40	1	—
826	21	$1/21$	48	—	—	32	1	—
827	20	$1/20$	64	48	40	72	1	—
828	21	$1/21$	56	—	—	32	1	—
829	21	$1/21$	56	32	48	44	—	—
830	21	$1/21$	56	32	48	40	—	—
831	21	$1/21$	56	—	—	24	1	—
832	21	$1/21$	72	32	56	48	—	—
833	21	$1/21$	72	—	—	24	1	—
834	21	$1/21$	56	24	48	32	—	—
835	21	$1/21$	72	24	56	40	—	—
836	21	$1/21$	72	24	56	32	—	—
837	21	$1/21$	72	24	56	24	—	—
838	43	$2/43$	86	44	24	48	—	—
839	43	$2/43$	86	28	24	72	—	—
840	21	$1/21$	—	—	—	—	—	—
841	29	$4/29$	48	—	—	64	1	3
842	43	$2/43$	86	—	—	72	1	—
843	21	$1/21$	72	24	56	24	1	—
844	21	$1/21$	72	24	56	32	1	—

Teilzahl	Lochkreis	Umdrehungen der Handkurbel	Zähnezahlen der Wechselräder				Anzahl der Zwischenräder	Teilschritt, wenn größer als 1
			A	B	C	D		
845	21	$1/21$	72	24	56	40	1	—
846	21	$1/21$	56	24	48	32	1	—
847	21	$1/21$	72	—	—	24	2	—
848	21	$1/21$	72	32	56	48	1	—
849	21	$1/21$	56	—	—	24	2	—
850	43	$2/43$	86	—	—	40	1	—
851	43	$2/43$	86	24	32	48	—	—
852	43	$2/43$	86	—	—	32	1	—
853	43	$2/43$	86	—	—	28	1	—
854	43	$2/43$	86	—	—	24	1	—
855	43	$2/43$	86	24	48	40	—	—
856	43	$2/43$	86	24	48	32	—	—
857	43	$2/43$	86	24	64	32	—	—
858	43	$2/43$	86	24	72	24	—	—
859	33	$3/33$	48	28	44	72	—	2
860	43	$2/43$	—	—	—	—	—	—
861	21	$1/21$	24	—	—	24	2	—
862	43	$2/43$	86	24	72	24	1	—
863	43	$2/43$	86	24	64	32	1	—
864	43	$2/43$	86	24	48	32	1	—
865	43	$2/43$	86	24	48	40	1	—
866	43	$2/43$	86	—	—	24	2	—
867	43	$2/43$	86	—	—	28	2	—
868	43	$2/43$	86	—	—	32	2	—
869	43	$2/43$	86	24	32	48	1	—
870	43	$2/43$	86	—	—	40	2	—
871	43	$2/43$	86	—	—	44	2	—
872	43	$2/43$	86	—	—	48	2	—
873	21	$1/21$	28	—	—	44	2	—
874	43	$2/43$	86	—	—	56	2	—
875	43	$2/43$	86	40	32	48	1	—
876	43	$2/43$	86	—	—	64	2	—

Tabelle 2. (Fortsetzung.)

Teilzahl	Lochkreis	Umdrehungen der Handkurbel	A	B	C	D	Anzahl der Zwischenräder	Teilschritt, wenn größer als 1
*877	39	$12/39$	56	44	26	48	—	7
878	43	$2/43$	86	—	—	72	2	—
879	16	$3/16$	64	44	32	56	1	4
880	43	$2/43$	86	40	24	48	1	—
881	43	$2/43$	86	28	24	72	1	—
882	43	$2/43$	86	44	24	48	1	—
883	21	$1/21$	48	32	28	86	1	—
884	43	$2/43$	86	48	28	56	1	—
885	43	$2/43$	86	—	—	100	2	—
886	20	$1/20$	40	48	24	86	1	—
887	43	$2/43$	86	48	32	72	1	—
888	43	$2/43$	86	48	24	56	1	—
889	21	$1/21$	24	—	—	56	2	—
890	43	$2/43$	86	40	24	72	1	—
891	33	$3/33$	64	—	—	32	2	2
892	43	$2/43$	86	48	24	64	1	—
893	43	$2/43$	86	44	24	72	1	—
894	21	$1/21$	28	—	—	72	2	—
895	21	$1/21$	28	40	24	44	1	—
896	43	$2/43$	86	48	24	72	1	—
897	23	$1/23$	24	—	—	24	1	—
898	20	$10/20$	48	24	44	72	1	11
899	29	$4/29$	48	—	—	64	2	3
900	43	$2/43$	86	64	40	100	1	—
901	33	$3/33$	48	28	44	72	1	2
902	43	$2/43$	86	56	24	72	1	—
903	43	$2/43$	32	—	—	64	2	—
904	21	$1/21$	28	32	24	64	1	—
905	49	$2/49$	56	48	28	100	—	—
906	21	$1/21$	32	44	28	64	1	—
907	33	$3/33$	44	24	32	72	1	2
908	43	$2/43$	86	64	24	72	1	—
909	27	$6/27$	100	—	—	40	2	5
910	43	$2/43$	86	48	24	100	1	—
911	16	$2/16$	32	28	24	56	—	3
912	21	$1/21$	28	32	24	72	1	—
913	33	$3/33$	32	—	—	48	2	2
914	16	$5/16$	64	40	56	72	1	7
915	21	$1/21$	28	—	—	100	2	—
916	15	$2/15$	40	32	72	64	1	3
917	49	$2/49$	28	—	—	72	1	—
918	27	$1/27$	24	48	24	72	—	—
919	27	$5/27$	72	44	24	100	1	4
920	23	$1/23$	—	—	—	—	—	—
921	21	$1/21$	32	48	28	72	1	—
922	15	$2/15$	72	44	40	64	1	3
923	39	$3/39$	32	48	24	72	—	2
924	49	$2/49$	28	—	—	64	1	—
925	33	$3/33$	44	40	32	72	1	2
926	21	$1/21$	28	32	24	86	1	—
927	18	$3/18$	32	—	—	44	1	4
928	21	$1/21$	28	44	24	64	1	—
929	43	$15/43$	86	28	64	100	1	8
930	49	$2/49$	56	32	28	100	—	—
931	49	$2/49$	32	—	—	64	1	—
932	49	$2/49$	56	48	28	64	—	—
933	18	$3/18$	64	—	—	72	1	4
934	20	$10/20$	44	48	32	72	1	11
935	49	$2/49$	56	40	28	72	—	—
936	49	$2/49$	56	44	28	64	—	—
937	49	$2/49$	56	32	28	86	—	—
938	49	$2/49$	28	—	—	48	1	—
939	21	$1/21$	28	44	24	72	1	—
940	47	$2/47$	—	—	—	—	1	—
941	16	$5/16$	64	72	56	100	1	7
942	27	$6/27$	40	32	24	56	1	5
943	23	$1/23$	24	—	—	24	2	—
944	49	$2/49$	56	32	28	72	—	—
945	49	$2/49$	28	—	—	40	1	—
946	43	$2/43$	32	56	28	64	1	—
947	49	$2/49$	56	44	28	48	—	—
948	49	$2/49$	56	32	28	64	—	—
949	39	$3/39$	24	48	32	56	—	2
950	49	$2/49$	56	40	28	48	—	—
951	27	$1/27$	24	32	24	86	—	—
952	49	$2/49$	56	—	—	64	—	—
953	49	$2/49$	56	24	28	72	—	—
954	27	$1/27$	24	56	32	64	—	2
955	33	$3/33$	44	48	32	100	1	2
956	49	$2/49$	56	24	28	64	—	—
957	33	$3/33$	48	56	24	72	1	2
958	49	$2/49$	56	44	28	32	—	—
959	49	$2/49$	56	—	—	48	1	—
960	49	$2/49$	56	32	28	40	—	—
961	31	$4/31$	48	—	—	64	2	3
962	49	$2/49$	56	24	28	48	—	—
963	27	$5/27$	40	44	24	100	1	4
964	16	$2/16$	72	24	48	24	1	3
965	49	$2/49$	56	24	28	40	—	—
966	49	$2/49$	56	—	—	32	1	—
967	16	$2/16$	72	24	64	56	1	3

* Das Sonderrad 26 kann durch die folgende Annäherung vermieden werden.

| 876,987 | 23 | $1/23$ | 56 | 64 | 44 | 72 | — | — |

Tabelle 2. (Fortsetzung.)

Teilzahl	Lochkreis	Umdrehungen der Handkurbel	Zähnezahlen der Wechselräder A	B	C	D	Anzahl der Zwischenräder	Teilschritt, wenn größer als 1
968	49	$2/_{49}$	56	24	28	32	—	—
969	18	$3/_{18}$	64	—	—	24	2	4
970	16	$2/_{16}$	72	24	32	40	1	3
971	49	$2/_{49}$	56	24	28	24	—	—
972	27	$1/_{27}$	32	56	28	64	—	—
973	49	$2/_{49}$	56	24	48	32	—	—
974	16	$2/_{16}$	48	—	—	28	2	3
975	27	$1/_{27}$	24	40	24	56	—	—
976	33	$4/_{33}$	72	32	44	56	—	3
977	43	$5/_{43}$	86	44	24	100	—	3
978	20	$4/_{20}$	100	44	24	48	—	5

Teilzahl	Lochkreis	Umdrehungen der Handkurbel	Zähnezahlen der Wechselräder A	B	C	D	Anzahl der Zwischenräder	Teilschritt, wenn größer als 1
979	33	$3/_{33}$	32	48	24	72	1	2
980	49	$2/_{49}$	—	—	—	—	—	—
981	27	$1/_{27}$	24	44	24	48	—	—
982	16	$2/_{16}$	48	—	—	44	2	3
983	33	$4/_{33}$	72	28	44	32	—	3
984	27	$1/_{27}$	24	32	24	64	—	—
985	16	$2/_{16}$	64	32	48	100	1	3
986	29	$1/_{29}$	24	48	24	72	—	—
987	49	$2/_{49}$	56	24	48	32	1	—
988	16	$2/_{16}$	48	—	—	56	2	3
989	49	$2/_{49}$	56	24	28	24	1	—

Teilzahl	Lochkreis	Umdrehungen der Handkurbel	Zähnezahlen der Wechselräder A	B	C	D	Anzahl der Zwischenräder	Teilschritt, wenn größer als 1
990	27	$1/_{27}$	32	40	24	64	—	—
991	49	$7/_{49}$	56	72	24	86	—	4
992	49	$2/_{49}$	56	24	28	32	1	—
993	15	$3/_{15}$	100	—	—	28	1	5
994	49	$2/_{49}$	56	—	—	32	2	—
995	49	$2/_{49}$	56	24	28	40	1	—
996	27	$1/_{27}$	48	56	24	64	—	—
997	43	$7/_{43}$	86	44	64	72	1	4
998	49	$2/_{49}$	56	24	28	48	1	—
999	27	$1/_{27}$	24	—	—	72	1	—
1000	49	$2/_{49}$	56	32	28	40	1	—

Tabelle 3. *Differenzteilen in natürlicher Reihenfolge.*

Teilzahl	Lochkreis	Umdrehungen der Handkurbel	Zähnezahlen der Wechselräder				Anzahl der Zwischenräder	Zusätzliche Spindelumdrehungen
			A	B	C	D		
383	33	$37^{27}/_{33}$	44	28	24	86	—	1
401	33	$125^{3}/_{33}$	44	32	28	64	1	3
457	15	$81^{5}/_{15}$	72	32	40	56	1	2
471	18	$39^{6}/_{18}$	64	—	—	48	1	1
487	18	$40^{12}/_{18}$	48	—	—	28	2	1
489	18	$40^{15}/_{18}$	64	—	—	48	2	1
491	43	$38^{6}/_{43}$	86	40	24	100	—	1
503	33	$38^{6}/_{33}$	48	40	44	100	—	1
509	33	$41^{7}/_{33}$	72	56	44	64	1	1
521	33	$39^{18}/_{33}$	48	28	44	40	—	1
523	16	$87^{4}/_{16}$	24	—	—	86	2	2
536	43	$41^{27}/_{43}$	86	32	24	100	1	1
538	33	$117^{15}/_{33}$	44	32	40	48	—	3
541	43	$83^{41}/_{43}$	86	40	24	100	1	2
542	43	$80^{32}/_{43}$	100	40	86	72	1	2
563	49	$40^{14}/_{49}$	64	24	56	32	1	1
569	49	$40^{35}/_{49}$	56	24	48	72	1	1
581	49	$41^{28}/_{49}$	48	—	—	72	2	1
587	bel	42	56	48	32	72	1	1
599	43	$199^{3}/_{43}$	86	24	56	40	—	5
601	18	$125^{5}/_{18}$	72	40	32	100	1	3
623	49	$44^{28}/_{49}$	32	72	24	48	—	1
641	43	$39^{35}/_{43}$	86	32	72	48	—	1
659	43	$40^{40}/_{43}$	86	32	24	56	1	1
691	43	$40^{10}/_{43}$	64	24	86	40	1	1
694	49	$39^{35}/_{49}$	100	40	56	48	—	1
701	27	$126^{17}/_{27}$	72	44	24	86	1	3
707	49	$36^{6}/_{49}$	40	44	28	100	1	1
718	49	$123^{7}/_{49}$	56	32	40	72	1	3
719	33	$39^{9}/_{33}$	100	40	44	86	—	1
721	49	$36^{41}/_{49}$	32	40	28	72	—	1
733	43	$42^{29}/_{43}$	86	72	32	100	1	1
739	43	$196^{20}/_{43}$	86	24	28	72	—	5
743	49	$127^{21}/_{49}$	40	32	28	86	1	3
749	49	$38^{13}/_{49}$	56	—	—	100	1	1
751	33	$34^{6}/_{33}$	44	72	24	86	—	1
761	16	$39^{11}/_{16}$	64	28	48	40	—	1
766	15	$163^{7}/_{15}$	100	32	24	64	1	4
771	33	$149^{19}/_{33}$	44	64	40	72	—	4
781	33	$35^{18}/_{33}$	32	48	24	72	—	1
799	47	$42^{26}/_{47}$	40	—	—	100	2	1
802	33	$208^{12}/_{33}$	44	32	28	64	1	5
823	16	$214^{6}/_{16}$	48	44	32	100	1	5
841	29	$77^{11}/_{29}$	48	—	—	64	1	2

Teilzahl	Lochkreis	Umdrehungen der Handkurbel	Zähnezahlen der Wechselräder				Anzahl der Zwischenräder	Zusätzliche Spindelumdrehungen
			A	B	C	D		
859	33	$39^{3}/_{33}$	48	28	44	72	—	1
*877	39	$115^{27}/_{39}$	56	44	26	48	—	3
879	16	$41^{4}/_{16}$	64	44	32	56	1	1
891	33	$40^{18}/_{33}$	64	—	—	32	2	1
898	20	$122^{10}/_{20}$	48	24	44	72	1	3
899	29	$41^{11}/_{29}$	48	—	—	64	2	1
901	bel	41	48	28	44	72	1	1
907	33	$41^{9}/_{33}$	44	24	32	72	1	1
909	27	$40^{12}/_{27}$	100	—	—	40	2	1
911	bel	38	32	28	24	56	—	1
913	33	$41^{18}/_{33}$	32	—	—	48	2	1
914	16	$204^{1}/_{16}$	64	40	56	72	1	5
916	15	$81^{7}/_{15}$	40	32	72	64	1	2
919	27	$42^{16}/_{27}$	72	44	24	100	1	1
922	bel	82	72	44	40	64	1	2
923	39	$35^{21}/_{39}$	32	48	24	72	—	1
925	33	$42^{3}/_{33}$	44	40	32	72	1	1
927	18	$38^{12}/_{18}$	32	—	—	44	1	1
929	43	$283^{26}/_{43}$	86	28	64	100	1	7
933	18	$116^{12}/_{18}$	64	—	—	72	1	3
934	20	$42^{10}/_{20}$	44	48	32	72	1	1
941	16	$84^{1}/_{16}$	64	72	56	100	1	2
942	27	$83^{21}/_{27}$	40	32	24	56	1	2
949	39	$36^{21}/_{39}$	24	48	32	56	—	1
955	33	$43^{15}/_{33}$	44	48	32	100	1	1
957	33	$43^{18}/_{33}$	48	56	24	72	1	1
961	31	$82^{22}/_{31}$	48	—	—	64	2	2
963	27	$44^{17}/_{27}$	40	44	24	100	1	1
964	16	$80^{3}/_{16}$	72	24	48	24	1	2
967	16	$80^{5}/_{16}$	72	24	64	56	1	2
969	18	$121^{3}/_{18}$	64	—	—	24	2	3
970	16	$80^{14}/_{16}$	72	24	32	40	1	2
974	16	$40^{10}/_{16}$	48	—	—	28	2	1
976	33	$78^{30}/_{33}$	72	32	44	56	—	2
977	43	$37^{39}/_{43}$	86	44	24	100	—	1
978	20	$117^{8}/_{20}$	100	44	24	48	—	3
979	33	$44^{18}/_{33}$	32	48	24	72	1	1
982	16	$81^{14}/_{16}$	48	—	—	44	2	2
983	33	$39^{25}/_{33}$	72	28	44	32	—	1
985	16	$82^{2}/_{16}$	64	32	48	100	1	2
988	16	$82^{6}/_{16}$	48	—	—	56	2	2
991	49	$35^{21}/_{49}$	56	72	24	86	—	1
993	15	$119^{3}/_{15}$	100	—	—	28	1	3
997	43	$121^{33}/_{43}$	86	44	64	72	1	3

* Eine Annäherung, welche das Sonderrad 26 vermeidet, ist in einer Fußnote der Tab. 2 enthalten.

Tabellen-Anhang.

Tabelle 4. *Verbundteilen.*

Teilzahl	Teilbewegung	Teilschritt	Fehler für 1 Teilbewegung	Größter Teilfehler in %	Teilzahl	Teilbewegung	Teilschritt	Fehler für 1 Teilbewegung	Größter Teilfehler in %
51	$\frac{10}{15}+\frac{2}{17}$	1	0	0	157	$\frac{27}{49}+\frac{22}{47}$	4	1/92120	0,128
53	$5\frac{43}{47}+\frac{43}{49}$	9	1/92120	0,051	158	$13\frac{11}{47}+\frac{9}{49}$	53	2/92120	0,337
57	$\frac{7}{19}+\frac{5}{15}$	1	0	0	159	$14\frac{47}{49}+\frac{30}{47}$	62	1/92120	0,109
59	$9\frac{22}{49}+\frac{2}{47}$	14	1/92120	0,041	161	$\frac{12}{21}+\frac{4}{23}$	3	0	0
61	$3\frac{42}{47}+\frac{2}{49}$	6	1/92120	0,055	162	$15\frac{38}{47}+\frac{36}{49}$	67	2/92120	0,289
63	$\frac{15}{27}+\frac{15}{21}$	2	0	0	163	$2\frac{31}{47}+\frac{26}{49}$	13	1/92120	0,150
67	$15\frac{34}{49}+\frac{20}{47}$	27	1/92120	0,067	166	$7\frac{31}{49}+\frac{15}{47}$	33	2/92120	0,350
69	$\frac{19}{23}+\frac{7}{21}$	2	0	0	167	$13\frac{38}{49}+\frac{28}{47}$	60	1/92120	0,112
71	$14\frac{46}{47}+\frac{39}{49}$	28	1/92120	0,041	169	$10\frac{21}{47}+\frac{10}{49}$	45	1/92120	0,167
73	$5\frac{48}{49}+\frac{28}{47}$	12	1/92120	0,073	171	$\frac{14}{18}+\frac{3}{19}$	4	0	0
77	$\frac{9}{21}+\frac{3}{33}$	1	0	0	173	$7\frac{36}{47}+\frac{16}{49}$	35	1/92120	0,097
79	$5\frac{40}{49}+\frac{36}{47}$	13	1/92120	0,079	174	$\frac{14}{21}+\frac{14}{29}$	5	0	0
81	$3\frac{13}{49}+\frac{9}{47}$	7	1/92120	0,063	175	$4\frac{4}{43}+\frac{1}{47}$	18	5/80840	0,662
83	$11\frac{32}{47}+\frac{18}{49}$	25	1/92120	0,079	176	$3\frac{31}{47}+\frac{10}{49}$	17	8/92120	1,259
87	$\frac{17}{29}+\frac{7}{21}$	2	0	0	177	$15\frac{40}{49}+\frac{14}{47}$	73	1/92120	0,105
89	$7\frac{33}{47}+\frac{19}{49}$	18	1/92120	0,091	178	$11\frac{30}{49}+\frac{14}{47}$	53	2/92120	0,284
91	$\frac{14}{49}+\frac{5}{39}$	1	0	0	179	$1\frac{36}{49}+\frac{34}{47}$	11	1/92120	0,124
93	$\frac{7}{21}+\frac{3}{31}$	1	0	0	181	$3\frac{37}{47}+\frac{31}{49}$	20	1/92120	0,187
96	$\frac{7}{20}+\frac{1}{15}$	1	0	0	182	$\frac{7}{49}+\frac{3}{39}$	1	0	0
97	$16\frac{39}{47}+\frac{24}{49}$	42	1/92120	0,073	183	$14\frac{17}{49}+\frac{14}{47}$	67	1/92120	0,122
99	$\frac{21}{27}+\frac{1}{33}$	2	0	0	186	$\frac{23}{31}+\frac{7}{21}$	5	0	0
101	$14\frac{41}{49}+\frac{10}{47}$	38	1/92120	0,101	187	$16\frac{24}{47}+\frac{19}{49}$	79	1/92120	0,126
102	$\frac{6}{18}+\frac{1}{17}$	1	0	0	189	$\frac{17}{21}+\frac{1}{27}$	4	0	0
103	$7\frac{13}{47}+\frac{5}{49}$	19	1/92120	0,071	191	$10\frac{44}{49}+\frac{39}{47}$	56	1/92120	0,144
106	$13\frac{6}{49}+\frac{4}{47}$	35	2/92120	0,224	192	$\frac{10}{15}+\frac{6}{16}$	5	0	0
107	$16\frac{38}{47}+\frac{19}{49}$	46	1/92120	0,109	193	$7\frac{14}{47}+\frac{8}{49}$	36	1/92120	0,145
109	$10\frac{20}{49}+\frac{11}{47}$	29	1/92120	0,102	194	$2\frac{25}{49}+\frac{8}{47}$	13	2/92120	0,194
111	$\frac{13}{39}+\frac{1}{37}$	1	0	0	197	$13\frac{34}{47}+\frac{24}{49}$	70	1/92120	0,131
112	$6\frac{26}{47}+\frac{10}{43}$	19	8/80840	0,584	198	$\frac{3}{27}+\frac{3}{33}$	1	0	0
113	$2\frac{31}{49}+\frac{26}{47}$	9	1/92120	0,096	199	$16\frac{15}{47}+\frac{8}{49}$	82	1/92120	0,198
114	$1\frac{8}{19}+\frac{5}{15}$	5	0	0	201	$17\frac{44}{49}+\frac{38}{47}$	94	1/92120	0,151
117	$6\frac{40}{49}+\frac{1}{47}$	20	1/92120	0,083	202	$4\frac{37}{47}+\frac{8}{49}$	25	2/92120	0,228
118	$9\frac{45}{47}+\frac{27}{49}$	31	2/92120	0,107	203	$\frac{13}{29}+\frac{3}{21}$	3	0	0
119	$19\frac{14}{43}+\frac{8}{47}$	58	1/80840	0,099	204	$\frac{11}{17}+\frac{5}{15}$	5	0	0
121	$9\frac{33}{49}+\frac{27}{47}$	31	1/92120	0,089	206	$11\frac{44}{49}+\frac{34}{47}$	65	2/92120	0,406
122	$15\frac{47}{49}+\frac{5}{47}$	49	2/92120	0,254	207	$\frac{15}{27}+\frac{5}{23}$	4	0	0
123	$\frac{13}{39}+\frac{13}{41}$	2	0	0	208	$1\frac{19}{47}+\frac{16}{49}$	9	8/92120	1,607
125	$7\frac{31}{47}+\frac{1}{49}$	24	5/92120	0,537	209	$11\frac{32}{19}+\frac{28}{47}$	64	1/92120	0,174
126	$\frac{6}{27}+\frac{2}{21}$	1	0	0	211	$18\frac{18}{49}+\frac{1}{47}$	97	1/92120	0,135
127	$14\frac{42}{47}+\frac{11}{49}$	48	1/92120	0,089	212	$3\frac{6}{49}+\frac{4}{47}$	17	4/92120	0,812
129	$\frac{39}{43}+\frac{13}{39}$	4	0	0	213	$7\frac{36}{49}+\frac{16}{47}$	43	1/92120	0,118
131	$9\frac{40}{47}+\frac{26}{49}$	34	1/92120	0,113	214	$2\frac{30}{49}+\frac{9}{47}$	15	2/92120	0,341
133	$17\frac{35}{43}+\frac{25}{47}$	61	1/80840	0,135	217	$\frac{7}{31}+\frac{3}{21}$	2	0	0
134	$3\frac{27}{47}+\frac{15}{49}$	13	2/92120	0,224	218	$8\frac{36}{47}+\frac{29}{49}$	51	2/92120	0,371
137	$5\frac{41}{47}+\frac{27}{49}$	22	1/92120	0,088	219	$10\frac{33}{49}+\frac{22}{47}$	61	1/92120	0,152
138	$\frac{18}{23}+\frac{14}{21}$	5	0	0	221	$\frac{48}{49}+\frac{5}{47}$	6	1/92120	0,200
139	$4\frac{12}{47}+\frac{3}{49}$	15	1/92120	0,111	222	$\frac{21}{37}+\frac{13}{39}$	5	0	0
141	$\frac{13}{39}+\frac{11}{47}$	2	0	0	223	$15\frac{10}{49}+\frac{2}{47}$	85	1/92120	0,219
142	$4\frac{10}{49}+\frac{1}{47}$	15	2/92120	0,267	224	$3\frac{13}{47}+\frac{5}{43}$	19	8/80840	1,633
143	$12\frac{35}{47}+\frac{6}{49}$	46	1/92120	0,125	225	$\frac{2}{18}+\frac{1}{15}$	1	0	0
146	$13\frac{19}{47}+\frac{1}{49}$	49	2/92120	0,311	226	$16\frac{21}{47}+\frac{18}{49}$	95	2/92120	0,341
147	$\frac{37}{49}+\frac{13}{39}$	4	0	0	227	$4\frac{34}{49}+\frac{3}{47}$	27	1/92120	0,201
149	$12\frac{44}{47}+\frac{37}{49}$	51	1/92120	0,120	228	$\frac{10}{15}+\frac{4}{19}$	5	0	0
151	$3\frac{40}{47}+\frac{6}{49}$	15	1/92120	0,153	229	$7\frac{43}{47}+\frac{23}{49}$	48	1/92120	0,181
153	$\frac{7}{17}+\frac{2}{18}$	2	0	0	231	$\frac{3}{21}+\frac{1}{33}$	1	0	0
154	$\frac{7}{33}+\frac{1}{21}$	1	0	0	233	$11\frac{47}{49}+\frac{35}{47}$	74	1/92120	0,161

Tabelle 4. (Fortsetzung.)

Teilzahl	Teilbewegung	Teilschritt	Fehler für 1 Teilbewegung	Größter Teilfehler in %	Teilzahl	Teilbewegung	Teilschritt	Fehler für 1 Teilbewegung	Größter Teilfehler in %
234	$12\frac{46}{47} + \frac{9}{49}$	77	2/92120	0,341	315	$\frac{3}{27} + \frac{3}{21}$	2	—	—
236	$19\frac{22}{49} + \frac{2}{47}$	115	4/92120	0,855	319	$\frac{3}{33} + \frac{1}{29}$	1	—	—
237	$1\frac{46}{49} + \frac{12}{47}$	13	1/92120	0,178	322	$\frac{12}{21} + \frac{4}{23}$	3	—	—
238	$39\frac{14}{43} + \frac{8}{47}$	235	2/80840	0,393	323	$\frac{13}{19} + \frac{1}{17}$	6	—	—
239	$10\frac{45}{49} + \frac{6}{47}$	66	1/92120	0,145	329	$\frac{39}{47} + \frac{7}{49}$	8	—	—
241	$8\frac{43}{49} + \frac{4}{47}$	54	1/92120	0,199	341	$\frac{19}{31} + \frac{3}{33}$	6	—	—
242	$9\frac{20}{47} + \frac{16}{49}$	59	2/92120	0,436	342	$\frac{9}{19} + \frac{2}{18}$	5	—	—
243	$11\frac{44}{47} + \frac{12}{49}$	74	1/92120	0,239	345	$\frac{11}{33} + \frac{3}{23}$	4	—	—
244	$5\frac{47}{49} + \frac{5}{47}$	37	4/92120	0,916	348	$\frac{11}{33} + \frac{7}{29}$	5	—	—
246	$\frac{26}{39} + \frac{6}{41}$	5	0	0	364	$\frac{33}{39} + \frac{7}{49}$	9	—	—
247	$7\frac{12}{49} + \frac{2}{47}$	45	1/92120	0,256	372	$\frac{13}{31} + \frac{11}{33}$	7	—	—
249	$3\frac{42}{47} + \frac{6}{49}$	25	1/92120	0,259	378	$\frac{16}{27} + \frac{12}{21}$	11	—	—
250	$3\frac{31}{47} + \frac{1}{49}$	23	10/92120	1,769	384	$\frac{6}{18} + \frac{3}{16}$	5	—	—
252	$\frac{3}{27} + \frac{1}{21}$	1	—	—	385	$\frac{9}{33} + \frac{3}{21}$	4	—	—
253	$\frac{9}{33} + \frac{1}{23}$	2	—	—	396	$1\frac{6}{27} + \frac{3}{33}$	13	—	—
255	$\frac{6}{18} + \frac{5}{17}$	4	—	—	406	$\frac{6}{29} + \frac{6}{21}$	5	—	—
258	$\frac{19}{43} + \frac{13}{39}$	5	—	—	408	$\frac{6}{17} + \frac{6}{18}$	7	—	—
259	$\frac{21}{49} + \frac{7}{37}$	4	—	—	414	$\frac{6}{23} + \frac{6}{27}$	5	—	—
261	$\frac{19}{29} + \frac{3}{27}$	5	—	—	425	$\frac{4}{20} + \frac{3}{17}$	4	—	—
272	$\frac{8}{16} + \frac{4}{17}$	5	—	—	434	$\frac{9}{21} + \frac{1}{31}$	5	—	—
273	$\frac{23}{39} + \frac{7}{49}$	5	—	—	435	$\frac{11}{33} + \frac{1}{29}$	4	—	—
276	$\frac{11}{33} + \frac{9}{23}$	5	—	—	444	$\frac{11}{37} + \frac{3}{39}$	7	—	—
279	$\frac{3}{27} + \frac{1}{31}$	1	—	—	450	$\frac{8}{20} + \frac{4}{18}$	7	—	—
282	$\frac{26}{39} + \frac{2}{47}$	5	—	—	455	$\frac{5}{39} + \frac{7}{49}$	6	—	—
285	$\frac{10}{15} + \frac{6}{19}$	7	—	—	456	$\frac{6}{18} + \frac{2}{19}$	5	—	—
287	$\frac{17}{41} + \frac{7}{49}$	4	—	—	462	$\frac{16}{21} + \frac{12}{33}$	13	—	—
288	$\frac{8}{18} + \frac{5}{20}$	5	—	—	465	$\frac{11}{31} + \frac{11}{33}$	8	—	—
294	$\frac{17}{49} + \frac{13}{39}$	5	—	—	475	$\frac{4}{20} + \frac{1}{19}$	3	—	—
297	$\frac{2}{27} + \frac{2}{23}$	1	—	—	480	$\frac{6}{18} + \frac{5}{20}$	7	—	—
301	$\frac{11}{43} + \frac{7}{49}$	3	—	—	481	$\frac{12}{39} + \frac{4}{37}$	5	—	—
304	$\frac{10}{20} + \frac{3}{19}$	5	—	—	483	$\frac{13}{21} + \frac{1}{23}$	8	—	—
306	$\frac{8}{17} + \frac{8}{18}$	7	—	—	492	$\frac{13}{39} + \frac{3}{41}$	5	—	—
308	$\frac{12}{33} + \frac{6}{21}$	5	—	—	495	$\frac{15}{27} + \frac{3}{33}$	8	—	—

Tabelle 5. *Winkelteilen (Differenzteilen).*

Winkel	Entsprechende Teilzahl	Lochkreis	Umdrehungen der Handkurbel	Zähnezahlen der Wechselräder				Anzahl der Zwischenräder
				A	B	C	D	
28' 48''	750	18	$\frac{1}{18}$	24	—	—	40	2
19' 12''	1125	27	$\frac{1}{27}$	24	—	—	40	2
18' 45''	1152	27	$\frac{1}{27}$	24	—	—	64	2
18'	1200	33	$\frac{1}{33}$	44	64	40	100	—
16' 40''	1296	33	$\frac{1}{33}$	44	—	—	32	1
16'	1350	33	$\frac{1}{33}$	44	—	—	40	2
15'	1440	33	$\frac{1}{33}$	44	64	40	100	1
13' 20''	1620	43	$\frac{1}{43}$	86	48	24	100	—
12' 30''	1728	43	$\frac{1}{43}$	86	24	48	32	1
12'	1800	43	$\frac{1}{43}$	86	64	40	100	1
11' 15''	1920	49	$\frac{1}{49}$	56	32	28	40	—
10' 48''	2000	49	$\frac{1}{49}$	56	32	28	40	1
10'	2160	49	$\frac{1}{49}$	56	64	28	100	1

Tabellen-Anhang.

Tabelle 6. *Winkelteilen (Einfach- und Verbundteilen).*

	0°	1°	2°	3°	4°	5°	6°	7°	8°
0′	0	$\frac{2}{18}$	$\frac{4}{18}$	$\frac{6}{18}$	$\frac{8}{18}$	$\frac{10}{18}$	$\frac{12}{18}$	$\frac{14}{18}$	$\frac{16}{18}$
0′45″	—	$\frac{5}{16}-\frac{3}{15}$	—	—	$\frac{5}{16}+\frac{2}{15}$	—	—	$\frac{7}{15}+\frac{5}{16}$	—
1′30″	—	—	$\frac{10}{16}-\frac{6}{15}$	—	—	$\frac{10}{16}-\frac{1}{15}$	—	—	$\frac{10}{16}+\frac{4}{15}$
2′15″	$\frac{1}{15}-\frac{1}{16}$	—	—	$\frac{6}{15}-\frac{1}{16}$	—	—	$\frac{11}{15}-\frac{1}{16}$	—	—
3′	$\frac{1}{18}-\frac{1}{20}$	$\frac{3}{18}-\frac{1}{20}$	$\frac{5}{18}-\frac{1}{20}$	$\frac{7}{18}-\frac{1}{20}$	$\frac{9}{20}$	$\frac{9}{20}+\frac{2}{18}$	$\frac{9}{20}+\frac{4}{18}$	$\frac{9}{20}+\frac{6}{18}$	$\frac{9}{20}+\frac{8}{18}$
3′45″	$\frac{1}{16}-\frac{1}{18}$	$\frac{1}{18}+\frac{1}{16}$	$\frac{3}{18}+\frac{1}{16}$	$\frac{5}{18}+\frac{1}{16}$	$\frac{7}{18}+\frac{1}{16}$	$\frac{9}{16}$	$\frac{9}{16}+\frac{2}{18}$	$\frac{9}{16}+\frac{4}{18}$	$\frac{9}{16}+\frac{6}{18}$
4′30″	$\frac{2}{15}-\frac{2}{16}$	—	—	$\frac{7}{15}-\frac{2}{16}$	—	—	$\frac{2}{15}-\frac{2}{16}$	—	—
5′15″	—	$\frac{3}{16}-\frac{1}{15}$	—	—	$\frac{4}{15}+\frac{3}{16}$	—	—	$\frac{9}{15}+\frac{3}{16}$	—
6′	$\frac{2}{18}-\frac{2}{20}$	$\frac{4}{18}-\frac{2}{20}$	$\frac{6}{18}-\frac{2}{20}$	$\frac{8}{18}-\frac{2}{20}$	$\frac{8}{20}+\frac{1}{18}$	$\frac{8}{20}+\frac{3}{18}$	$\frac{8}{20}+\frac{5}{18}$	$\frac{8}{20}+\frac{7}{18}$	$\frac{18}{20}$
6′45″	$\frac{3}{15}-\frac{3}{16}$	—	—	$\frac{8}{15}-\frac{3}{16}$	—	—	$\frac{3}{16}-\frac{2}{15}$	—	—
7′30″	$\frac{2}{16}-\frac{2}{18}$	$\frac{2}{16}$	$\frac{2}{18}+\frac{2}{16}$	$\frac{4}{18}+\frac{2}{16}$	$\frac{6}{18}+\frac{2}{16}$	$\frac{8}{18}+\frac{2}{16}$	$\frac{10}{16}+\frac{1}{18}$	$\frac{10}{16}+\frac{3}{18}$	$\frac{10}{16}+\frac{5}{18}$
8′15″	—	—	$\frac{7}{16}-\frac{3}{15}$	—	—	$\frac{7}{16}+\frac{2}{15}$	—	—	$\frac{7}{16}+\frac{7}{15}$
9′	$\frac{3}{18}-\frac{3}{20}$	$\frac{5}{18}-\frac{3}{20}$	$\frac{7}{18}-\frac{3}{20}$	$\frac{7}{20}$	$\frac{7}{20}+\frac{2}{18}$	$\frac{7}{20}+\frac{4}{18}$	$\frac{7}{20}+\frac{6}{18}$	$\frac{8}{18}+\frac{7}{20}$	$\frac{17}{20}+\frac{1}{18}$
9′45″	—	$\frac{1}{15}+\frac{1}{16}$	—	—	$\frac{6}{15}+\frac{1}{16}$	—	—	$\frac{11}{15}+\frac{1}{16}$	—
10′30″	—	—	$\frac{6}{16}-\frac{2}{15}$	—	—	$\frac{6}{16}+\frac{3}{15}$	—	—	$\frac{8}{15}+\frac{6}{16}$
11′15″	$\frac{3}{16}-\frac{3}{18}$	$\frac{3}{16}-\frac{1}{18}$	$\frac{3}{16}+\frac{1}{18}$	$\frac{3}{18}+\frac{3}{16}$	$\frac{5}{18}+\frac{3}{16}$	$\frac{7}{18}+\frac{3}{16}$	$\frac{11}{16}$	$\frac{11}{16}+\frac{2}{18}$	$\frac{11}{16}+\frac{4}{18}$
12′	$\frac{4}{18}-\frac{4}{20}$	$\frac{6}{18}-\frac{4}{20}$	$\frac{8}{18}-\frac{4}{20}$	$\frac{6}{20}+\frac{1}{18}$	$\frac{6}{20}+\frac{3}{18}$	$\frac{6}{20}+\frac{5}{18}$	$\frac{7}{18}+\frac{6}{20}$	$\frac{16}{20}$	$\frac{16}{20}+\frac{2}{18}$
12′45″	—	—	$\frac{5}{16}-\frac{1}{15}$	—	—	$\frac{5}{16}+\frac{4}{15}$	—	—	$\frac{9}{15}+\frac{4}{16}$
13′30″	$\frac{6}{15}-\frac{6}{16}$	—	—	$\frac{10}{16}-\frac{4}{15}$	—	—	$\frac{10}{16}+\frac{1}{15}$	—	—
14′15″	—	$\frac{3}{15}-\frac{1}{16}$	—	—	$\frac{8}{15}-\frac{1}{16}$	—	—	$\frac{13}{15}-\frac{1}{16}$	—
15′	$\frac{4}{16}-\frac{4}{18}$	$\frac{4}{16}-\frac{2}{18}$	$\frac{4}{16}$	$\frac{4}{16}+\frac{2}{18}$	$\frac{4}{16}+\frac{4}{18}$	$\frac{6}{18}+\frac{4}{16}$	$\frac{8}{18}+\frac{4}{16}$	$\frac{12}{16}+\frac{1}{18}$	$\frac{12}{16}+\frac{3}{18}$
15′45″	$\frac{7}{15}-\frac{7}{16}$	—	—	$\frac{9}{16}-\frac{3}{15}$	—	—	$\frac{9}{16}+\frac{2}{15}$	—	—
16′30″	—	$\frac{4}{15}-\frac{2}{16}$	—	—	$\frac{9}{15}-\frac{2}{16}$	—	—	$\frac{14}{16}-\frac{1}{15}$	—
17′15″	—	—	$\frac{3}{16}+\frac{1}{15}$	—	—	$\frac{6}{15}+\frac{3}{16}$	—	—	$\frac{11}{15}+\frac{3}{16}$
18′	$\frac{6}{18}-\frac{6}{20}$	$\frac{4}{20}-\frac{1}{18}$	$\frac{4}{20}+\frac{1}{18}$	$\frac{4}{20}+\frac{3}{18}$	$\frac{5}{18}+\frac{4}{20}$	$\frac{7}{18}+\frac{4}{20}$	$\frac{14}{20}$	$\frac{14}{20}+\frac{2}{18}$	$\frac{14}{20}+\frac{4}{18}$
18′45″	$\frac{5}{16}-\frac{5}{18}$	$\frac{5}{16}-\frac{3}{18}$	$\frac{5}{16}-\frac{1}{18}$	$\frac{5}{16}+\frac{1}{18}$	$\frac{5}{16}+\frac{3}{18}$	$\frac{5}{18}+\frac{5}{16}$	$\frac{7}{18}+\frac{5}{16}$	$\frac{13}{16}$	$\frac{3}{16}+\frac{2}{18}$
19′30″	—	—	$\frac{2}{15}+\frac{2}{16}$	—	—	$\frac{7}{15}+\frac{2}{16}$	—	—	$\frac{12}{15}+\frac{2}{16}$
20′	$\frac{1}{27}$	$\frac{4}{27}$	$\frac{7}{27}$	$\frac{10}{27}$	$\frac{13}{27}$	$\frac{16}{27}$	$\frac{19}{27}$	$\frac{22}{27}$	$\frac{25}{27}$
20′15″	$\frac{7}{16}-\frac{6}{15}$	—	—	$\frac{7}{16}-\frac{1}{5}$	—	—	$\frac{7}{16}+\frac{4}{15}$	—	—
21′	$\frac{7}{18}-\frac{7}{20}$	$\frac{3}{20}$	$\frac{3}{20}+\frac{2}{18}$	$\frac{4}{18}+\frac{3}{20}$	$\frac{6}{18}+\frac{3}{20}$	$\frac{8}{18}+\frac{3}{20}$	$\frac{13}{20}+\frac{1}{18}$	$\frac{13}{20}+\frac{3}{18}$	$\frac{13}{20}+\frac{5}{18}$
21′45″	—	—	$\frac{3}{15}+\frac{1}{16}$	—	—	$\frac{8}{15}+\frac{1}{16}$	—	—	$\frac{13}{15}+\frac{1}{16}$
22′30″	$\frac{6}{16}-\frac{6}{18}$	$\frac{6}{16}-\frac{4}{18}$	$\frac{6}{16}-\frac{2}{18}$	$\frac{6}{16}$	$\frac{6}{16}+\frac{2}{18}$	$\frac{6}{16}+\frac{4}{18}$	$\frac{6}{16}+\frac{6}{18}$	$\frac{8}{18}+\frac{6}{16}$	$\frac{14}{16}+\frac{1}{18}$
23′15″	—	$\frac{7}{15}-\frac{5}{16}$	—	—	$\frac{11}{16}-\frac{3}{15}$	—	—	$\frac{11}{16}+\frac{2}{15}$	—
24′	$\frac{8}{18}-\frac{8}{20}$	$\frac{2}{20}+\frac{1}{18}$	$\frac{3}{18}+\frac{2}{20}$	$\frac{5}{18}+\frac{2}{20}$	$\frac{7}{18}+\frac{2}{20}$	$\frac{12}{20}$	$\frac{12}{20}+\frac{2}{18}$	$\frac{12}{20}+\frac{4}{18}$	$\frac{12}{20}+\frac{6}{18}$
24′45″	$\frac{5}{16}-\frac{4}{15}$	—	—	$\frac{5}{16}+\frac{1}{15}$	—	—	$\frac{6}{15}+\frac{5}{16}$	—	—
25′30″	—	$\frac{8}{15}-\frac{6}{16}$	—	—	$\frac{10}{16}-\frac{2}{15}$	—	—	$\frac{10}{16}+\frac{3}{15}$	—
26′15″	$\frac{7}{16}-\frac{7}{18}$	$\frac{7}{16}-\frac{5}{18}$	$\frac{7}{16}-\frac{3}{18}$	$\frac{7}{16}-\frac{1}{18}$	$\frac{7}{16}+\frac{1}{18}$	$\frac{7}{16}+\frac{3}{18}$	$\frac{7}{16}+\frac{5}{18}$	$\frac{7}{16}+\frac{7}{18}$	$\frac{15}{16}$
27′	$\frac{1}{20}$	$\frac{2}{18}+\frac{1}{20}$	$\frac{4}{18}+\frac{1}{20}$	$\frac{6}{18}+\frac{1}{20}$	$\frac{8}{18}+\frac{1}{20}$	$\frac{11}{20}+\frac{1}{18}$	$\frac{11}{20}+\frac{3}{18}$	$\frac{11}{20}+\frac{5}{18}$	$\frac{11}{20}+\frac{7}{18}$
27′45″	—	$\frac{9}{16}-\frac{6}{15}$	—	—	$\frac{9}{16}-\frac{1}{15}$	—	—	$\frac{9}{16}+\frac{4}{15}$	—
28′30″	—	—	$\frac{6}{15}-\frac{2}{16}$	—	—	$\frac{11}{15}-\frac{2}{16}$	—	—	$\frac{14}{16}+\frac{1}{15}$
29′15″	$\frac{3}{16}-\frac{2}{15}$	—	—	$\frac{3}{16}+\frac{3}{15}$	—	—	$\frac{8}{15}+\frac{3}{16}$	—	—

Tabelle 6. (Fortsetzung.)

	0°	1°	2°	3°	4°	5°	6°	7°	8°
30′	$\frac{1}{18}$	$\frac{3}{18}$	$\frac{5}{18}$	$\frac{7}{18}$	$\frac{9}{18}$	$\frac{11}{18}$	$\frac{13}{18}$	$\frac{15}{18}$	$\frac{17}{18}$
30′ 45″	—	—	$\frac{7}{15}-\frac{3}{16}$	—	—	$\frac{12}{15}-\frac{3}{16}$	—	—	$\frac{13}{16}+\frac{2}{15}$
31′ 30″	$\frac{2}{16}-\frac{1}{15}$	—	—	$\frac{4}{15}+\frac{2}{16}$	—	—	$\frac{9}{15}+\frac{2}{16}$	—	—
32′ 15″	—	$\frac{7}{16}-\frac{4}{15}$	—	—	$\frac{7}{16}+\frac{1}{15}$	—	—	$\frac{7}{16}+\frac{6}{15}$	—
33′	$\frac{2}{18}-\frac{1}{20}$	$\frac{4}{18}-\frac{1}{20}$	$\frac{6}{18}-\frac{1}{20}$	$\frac{8}{18}-\frac{1}{20}$	$\frac{9}{20}+\frac{1}{18}$	$\frac{9}{20}+\frac{3}{18}$	$\frac{9}{20}+\frac{5}{18}$	$\frac{9}{20}+\frac{7}{18}$	$\frac{19}{20}$
33′ 45″	$\frac{1}{16}$	$\frac{2}{18}+\frac{1}{16}$	$\frac{4}{18}+\frac{1}{16}$	$\frac{6}{18}+\frac{1}{16}$	$\frac{8}{18}+\frac{1}{16}$	$\frac{9}{16}+\frac{1}{18}$	$\frac{9}{16}+\frac{3}{18}$	$\frac{9}{16}+\frac{5}{18}$	$\frac{9}{16}+\frac{7}{18}$
34′ 30″	—	$\frac{6}{16}-\frac{3}{15}$	—	—	$\frac{6}{16}+\frac{2}{15}$	—	—	$\frac{7}{15}+\frac{6}{16}$	—
35′ 15″	—	—	$\frac{9}{15}-\frac{5}{16}$	—	—	$\frac{11}{16}-\frac{1}{15}$	—	—	$\frac{11}{16}+\frac{4}{15}$
36′	$\frac{1}{15}$	$\frac{2}{18}+\frac{1}{15}$	$\frac{4}{18}+\frac{1}{15}$	$\frac{6}{15}$	$\frac{6}{15}+\frac{2}{18}$	$\frac{6}{15}+\frac{4}{18}$	$\frac{11}{15}$	$\frac{8}{18}+\frac{6}{15}$	$\frac{10}{18}+\frac{6}{15}$
36′ 45″	—	$\frac{5}{16}-\frac{2}{15}$	—	—	$\frac{5}{16}+\frac{3}{15}$	—	—	$\frac{8}{15}+\frac{5}{16}$	—
37′ 30″	$\frac{2}{16}-\frac{1}{18}$	$\frac{2}{16}+\frac{1}{18}$	$\frac{3}{18}+\frac{2}{16}$	$\frac{5}{18}+\frac{2}{16}$	$\frac{7}{18}+\frac{2}{16}$	$\frac{10}{16}$	$\frac{10}{16}+\frac{2}{18}$	$\frac{10}{16}+\frac{4}{18}$	$\frac{10}{16}+\frac{6}{18}$
38′ 15″	$\frac{2}{15}-\frac{1}{16}$	—	—	$\frac{7}{15}-\frac{1}{16}$	—	—	$\frac{12}{15}-\frac{1}{16}$	—	—
39′	$\frac{4}{18}-\frac{3}{20}$	$\frac{6}{18}-\frac{3}{20}$	$\frac{8}{18}-\frac{3}{20}$	$\frac{7}{20}+\frac{1}{18}$	$\frac{7}{20}+\frac{3}{18}$	$\frac{7}{20}+\frac{5}{18}$	$\frac{7}{20}+\frac{7}{18}$	$\frac{17}{20}$	$\frac{17}{20}+\frac{2}{18}$
39′ 45″	—	—	$\frac{9}{16}-\frac{4}{15}$	—	—	$\frac{9}{16}+\frac{1}{15}$	—	—	$\frac{9}{16}+\frac{6}{15}$
40′	$\frac{2}{27}$	$\frac{5}{27}$	$\frac{8}{27}$	$\frac{11}{27}$	$\frac{14}{27}$	$\frac{17}{27}$	$\frac{20}{27}$	$\frac{23}{27}$	$\frac{26}{27}$
40′ 30″	$\frac{3}{15}-\frac{2}{16}$	—	—	$\frac{8}{15}-\frac{2}{16}$	—	—	$\frac{13}{15}-\frac{2}{16}$	—	—
41′ 15″	$\frac{3}{16}-\frac{2}{18}$	$\frac{3}{16}$	$\frac{3}{16}+\frac{2}{18}$	$\frac{4}{18}+\frac{3}{16}$	$\frac{6}{18}+\frac{3}{16}$	$\frac{8}{18}+\frac{3}{16}$	$\frac{11}{16}+\frac{1}{18}$	$\frac{11}{16}+\frac{3}{18}$	$\frac{11}{16}+\frac{5}{18}$
42′	$\frac{5}{18}-\frac{4}{20}$	$\frac{7}{18}-\frac{4}{20}$	$\frac{6}{20}$	$\frac{6}{20}+\frac{2}{18}$	$\frac{6}{20}+\frac{4}{18}$	$\frac{6}{20}+\frac{6}{18}$	$\frac{8}{18}+\frac{6}{20}$	$\frac{16}{20}+\frac{1}{18}$	$\frac{16}{20}+\frac{3}{18}$
42′ 45″	$\frac{4}{15}-\frac{3}{16}$	—	—	$\frac{9}{15}-\frac{3}{16}$	—	—	$\frac{13}{16}-\frac{1}{15}$	—	—
43′ 30″	—	$\frac{2}{16}+\frac{1}{15}$	—	—	$\frac{6}{15}+\frac{2}{16}$	—	—	$\frac{11}{15}+\frac{2}{16}$	—
44′ 15″	—	—	$\frac{7}{16}-\frac{2}{15}$	—	—	$\frac{7}{16}+\frac{3}{15}$	—	—	$\frac{8}{15}+\frac{7}{16}$
45′	$\frac{4}{16}-\frac{3}{18}$	$\frac{4}{16}-\frac{1}{18}$	$\frac{4}{16}+\frac{1}{18}$	$\frac{4}{16}+\frac{3}{18}$	$\frac{5}{18}+\frac{4}{16}$	$\frac{7}{18}+\frac{4}{16}$	$\frac{12}{16}$	$\frac{12}{16}+\frac{2}{18}$	$\frac{12}{16}+\frac{4}{18}$
45′ 45″	—	$\frac{2}{15}+\frac{1}{16}$	—	—	$\frac{7}{15}+\frac{1}{16}$	—	—	$\frac{12}{15}+\frac{1}{16}$	—
46′ 30″	—	—	$\frac{6}{16}-\frac{1}{15}$	—	—	$\frac{6}{16}+\frac{4}{15}$	—	—	$\frac{9}{15}+\frac{6}{16}$
47′ 15′	$\frac{6}{15}-\frac{5}{16}$	—	—	$\frac{11}{16}-\frac{4}{15}$	—	$\frac{11}{16}+\frac{1}{15}$	—	—	—
48′	$\frac{4}{20}-\frac{2}{18}$	$\frac{4}{20}$	$\frac{4}{20}+\frac{2}{18}$	$\frac{4}{18}+\frac{4}{20}$	$\frac{6}{18}+\frac{4}{20}$	$\frac{8}{18}+\frac{4}{20}$	$\frac{14}{20}+\frac{1}{18}$	$\frac{14}{20}+\frac{3}{18}$	$\frac{14}{20}+\frac{5}{18}$
48′ 45″	$\frac{5}{16}-\frac{4}{18}$	$\frac{5}{16}-\frac{2}{18}$	$\frac{5}{16}$	$\frac{5}{16}+\frac{2}{18}$	$\frac{5}{16}+\frac{4}{18}$	$\frac{6}{18}+\frac{5}{16}$	$\frac{8}{18}+\frac{5}{16}$	$\frac{13}{16}+\frac{1}{18}$	$\frac{13}{16}+\frac{3}{18}$
49′ 30″	$\frac{7}{15}-\frac{6}{16}$	—	—	$\frac{10}{16}-\frac{3}{15}$	—	$\frac{10}{16}+\frac{2}{15}$	—	—	—
50′ 15″	—	$\frac{4}{15}-\frac{1}{16}$	—	—	$\frac{9}{15}-\frac{1}{16}$	—	—	$\frac{14}{15}-\frac{1}{16}$	—
51′	$\frac{3}{20}-\frac{1}{18}$	$\frac{3}{20}+\frac{1}{18}$	$\frac{3}{18}+\frac{3}{20}$	$\frac{5}{18}+\frac{3}{20}$	$\frac{7}{18}+\frac{3}{20}$	$\frac{13}{20}$	$\frac{13}{20}+\frac{2}{18}$	$\frac{13}{20}+\frac{4}{18}$	$\frac{13}{20}+\frac{6}{18}$
51′ 45″	$\frac{8}{15}-\frac{7}{16}$	—	—	$\frac{9}{16}-\frac{2}{15}$	—	—	$\frac{9}{16}+\frac{3}{15}$	—	—
52′ 30″	$\frac{4}{18}-\frac{2}{16}$	$\frac{6}{18}-\frac{2}{16}$	$\frac{8}{18}-\frac{2}{16}$	$\frac{6}{16}+\frac{1}{18}$	$\frac{6}{16}+\frac{3}{18}$	$\frac{6}{16}+\frac{5}{18}$	$\frac{7}{18}+\frac{6}{16}$	$\frac{14}{16}$	$\frac{14}{16}+\frac{2}{18}$
53′ 15″	—	—	$\frac{3}{16}+\frac{2}{15}$	—	—	$\frac{7}{15}+\frac{3}{16}$	—	—	$\frac{12}{15}+\frac{3}{16}$
54′	$\frac{2}{20}$	$\frac{2}{18}+\frac{2}{20}$	$\frac{4}{18}+\frac{2}{20}$	$\frac{6}{18}+\frac{2}{20}$	$\frac{8}{18}+\frac{2}{20}$	$\frac{12}{20}+\frac{1}{18}$	$\frac{12}{20}+\frac{3}{18}$	$\frac{12}{20}+\frac{5}{18}$	$\frac{12}{20}+\frac{7}{18}$
54′ 45″	—	$\frac{6}{15}-\frac{3}{16}$	—	—	$\frac{11}{15}-\frac{3}{16}$	—	—	$\frac{13}{16}+\frac{1}{15}$	—
55′ 30″	—	—	$\frac{3}{15}+\frac{2}{16}$	—	—	$\frac{8}{15}+\frac{2}{16}$	—	—	$\frac{13}{15}+\frac{2}{16}$
56′ 15″	$\frac{3}{18}-\frac{1}{16}$	$\frac{5}{18}-\frac{1}{16}$	$\frac{7}{18}-\frac{1}{16}$	$\frac{7}{16}$	$\frac{7}{16}+\frac{2}{18}$	$\frac{7}{16}+\frac{4}{18}$	$\frac{7}{16}+\frac{6}{18}$	$\frac{8}{18}+\frac{7}{16}$	$\frac{15}{16}+\frac{1}{18}$
57′	$\frac{1}{18}+\frac{1}{20}$	$\frac{3}{18}+\frac{1}{20}$	$\frac{5}{18}+\frac{1}{20}$	$\frac{7}{18}+\frac{1}{20}$	$\frac{11}{20}$	$\frac{11}{20}+\frac{2}{18}$	$\frac{11}{20}+\frac{4}{18}$	$\frac{11}{20}+\frac{6}{18}$	$\frac{11}{20}+\frac{8}{18}$
57′ 45″	—	—	$\frac{4}{15}+\frac{1}{16}$	—	—	$\frac{9}{15}+\frac{1}{16}$	—	—	$\frac{14}{15}+\frac{1}{16}$
58′ 30″	$\frac{6}{16}-\frac{4}{15}$	—	—	$\frac{6}{16}+\frac{1}{15}$	—	—	$\frac{6}{15}+\frac{6}{16}$	—	—
59 15″	—	$\frac{8}{15}-\frac{5}{16}$	—	—	$\frac{11}{16}-\frac{2}{15}$	—	—	$\frac{11}{16}+\frac{3}{15}$	—

Tabelle 7. *Angenähertes Winkelteilen (Einfach- und Verbundteilen)*.

Verwendete Lochkreise		Ideeller Lochkreis	Winkel in Sekunden, entsprechend 1 Loch des ideellen Lochkreises	Verwendete Lochkreise		Ideeller Lochkreis	Winkel in Sekunden, entsprechend 1 Loch des ideellen Lochkreises
49	47	2303	14,069	19	16	304	106,579
49	43	2107	15,377	33	27	297	109,091
47	43	2021	16,032	19	15	285	113,684
49	41	2009	16,127	17	16	272	119,118
47	41	1927	16,814	17	15	255	127,059
49	39	1911	16,954	16	15	240	135,000
47	39	1833	17,676	33	21	231	140,260
49	37	1813	17,871	27	21	189	171,429
43	41	1763	18,378	20	18	180	180,000
47	37	1739	18,631	18	16	144	225,000
43	39	1677	19,320	18	15	90	360,000
41	39	1599	20,263	20	16	80	405,000
43	37	1591	20,365	20	15	60	540,000
41	37	1517	21,358	49	—	49	661,224
39	37	1443	22,453	47	—	47	689,362
33	31	1023	31,672	43	—	43	753,488
33	29	957	33,856	41	—	41	790,244
31	29	899	36,040	39	—	39	830,769
31	27	837	38,710	37	—	37	875,676
29	27	783	41,379	33	—	33	981,818
33	23	759	42,688	31	—	31	1045,161
31	23	713	45,442	29	—	29	1117,241
29	23	667	48,561	27	—	27	1200,000
31	21	651	49,770	23	—	23	1408,696
27	23	621	52,174	21	—	21	1542,857
29	21	609	53,202	20	—	20	1620,000
23	21	483	67,081	19	—	19	1705,263
20	19	380	85,263	18	—	18	1800,000
19	18	342	94,737	17	—	17	1905,882
20	17	340	95,294	16	—	16	2025,000
19	17	323	100,310	15	—	15	2160,000
18	17	306	105,882				

5 Lichtwitz, Teilen.

Tabelle 8. *Teilen in ungleiche Winkel.*

Winkel und Umdrehungen der Handkurbel

Zähnezahl	Lochkreis	1	2	3	4	5	6	7	8	9	10	11	12
4	27	89° $9^{24}/_{27}$	91° $10^{3}/_{27}$										
6	27	58° $6^{12}/_{27}$	60° $6^{18}/_{27}$	62° $6^{24}/_{27}$									
8	27	42° $4^{18}/_{27}$	44° $4^{24}/_{27}$	46° $5^{3}/_{27}$	48° $5^{9}/_{27}$								
10	18	33° $3^{12}/_{18}$	34° 30′ $3^{15}/_{18}$	36° 4	37° 30′ $4^{3}/_{18}$	39° $4^{6}/_{18}$							
12	18	27° 30′ $3^{1}/_{18}$	28° 30′ $3^{3}/_{18}$	29° 30′ $3^{5}/_{18}$	30° 30′ $3^{7}/_{18}$	31° 30′ $3^{9}/_{18}$	32° 30′ $3^{11}/_{18}$						
14	49	22° 57½′ $2^{27}/_{49}$	23° 52½′ $2^{32}/_{49}$	24° 48′ $2^{37}/_{49}$	25° 43′ $2^{42}/_{49}$	26° 38′ $2^{47}/_{49}$	27° 33′ $3^{3}/_{49}$	28° 28′ $3^{8}/_{49}$					
16	49	19° 17′ $2^{7}/_{49}$	20° 12′ $2^{12}/_{49}$	21° 7½′ $2^{17}/_{49}$	22° 2½′ $2^{22}/_{49}$	22° 57½′ $2^{27}/_{49}$	23° 52½′ $2^{32}/_{49}$	24° 48′ $2^{37}/_{49}$	25° 43′ $2^{42}/_{49}$				
18	27	17° 20′ $1^{25}/_{27}$	18° 2	18° 40′ $2^{2}/_{27}$	19° 20′ $2^{4}/_{27}$	20° $2^{6}/_{27}$	20° 40′ $2^{8}/_{27}$	21° 20′ $2^{10}/_{27}$	22° $2^{12}/_{27}$	22° 40′ $2^{14}/_{27}$			
20	27	15° $1^{18}/_{27}$	15° 40′ $1^{20}/_{27}$	16° 20′ $1^{22}/_{27}$	17° $1^{24}/_{27}$	17° 40′ $1^{26}/_{27}$	18° 20′ $2^{1}/_{27}$	19° $2^{3}/_{27}$	19° 40′ $2^{5}/_{27}$	20° 20′ $2^{7}/_{27}$	21° $2^{9}/_{27}$		
22	33	13° 38′ $1^{17}/_{33}$	14° 11′ $1^{19}/_{33}$	14° 43½′ $1^{21}/_{33}$	15° 16½′ $1^{23}/_{33}$	15° 49′ $1^{25}/_{33}$	16° 22′ $1^{27}/_{33}$	16° 54½′ $1^{29}/_{33}$	17° 27½′ $1^{31}/_{33}$	18° 2	18° 32½′ $2^{2}/_{33}$	19° 5½′ $2^{4}/_{33}$	
24	33	12° $1^{11}/_{33}$	12° 32½′ $1^{13}/_{33}$	13° 5½′ $1^{15}/_{33}$	13° 38′ $1^{17}/_{33}$	14° 11′ $1^{19}/_{33}$	14° 43½′ $1^{21}/_{33}$	15° 16½′ $1^{23}/_{33}$	15° 49′ $1^{25}/_{33}$	16° 22′ $1^{27}/_{33}$	16° 54½′ $1^{29}/_{33}$	17° 27½′ $1^{31}/_{33}$	18° 2

Tabellen-Anhang.

Tabelle 9. *Spiralfräsen.*

Steigung in mm	Zähnezahlen der Wechselräder				Steigung in mm	Zähnezahlen der Wechselräder				Steigung in mm	Zähnezahlen der Wechselräder			
	E (D)	F (C)	G (B)	H (A)		E (D)	F (C)	G (B)	H (A)		E (D)	F (C)	G (B)	H (A)
13,40	24	86	24	100	35,56	40	72	32	100	47,84	48	56	24	86
15,63	28	86	24	100	35,72	64	86	24	100	48,00	48	56	28	100
16,00	24	72	24	100	36,00	48	64	24	100	48,48	32	44	24	72
17,86	32	86	24	100	36,18	40	72	28	86	48,61	40	64	28	72
18,00	24	64	24	100	36,36	24	44	24	72	48,82	28	32	24	86
18,60	24	72	24	86	36,47	56	86	28	100	48,89	44	72	40	100
18,67	24	72	24	100	37,21	32	56	28	86	49,00	56	64	28	100
20,57	24	56	24	100	37,33	32	48	28	100	49,12	48	86	44	100
20,84	32	86	28	100	37,50	24	48	24	64	49,61	48	72	32	86
20,93	24	64	24	86	37,71	44	56	24	100	49,78	56	72	32	100
21,00	28	64	24	100	38,10	32	56	24	72	50,00	28	48	24	56
21,33	32	72	24	100	38,37	44	64	24	86	50,29	44	56	32	100
21,71	28	72	24	86	38,40	32	40	24	100	50,65	56	72	28	86
22,33	40	86	24	100	38,50	44	64	28	100	50,74	40	44	24	86
23,92	24	56	24	86	38,89	28	48	24	72	50,91	40	44	28	100
24,00	24	48	24	100	39,07	28	40	24	86	51,16	44	64	32	86
24,42	28	64	24	86	39,11	44	72	32	100	51,33	44	48	28	100
24,56	24	86	44	100	39,79	44	72	28	86	51,43	24	40	24	56
24,81	32	72	24	86	39,87	40	56	24	86	51,85	32	48	28	72
24,89	32	72	28	100	40,00	24	40	24	72	52,09	32	40	28	86
25,00	24	64	24	72	40,19	72	86	24	100	52,36	48	44	24	100
26,05	40	86	28	100	40,59	32	44	24	86	52,38	44	56	24	72
26,18	24	44	24	100	40,70	40	64	28	86	52,50	28	40	24	64
26,67	40	72	24	100	40,73	32	44	28	100	52,80	44	40	24	100
26,79	48	86	24	100	40,91	24	44	24	64	53,16	40	56	32	86
27,43	32	56	24	100	40,93	44	86	40	100	53,33	48	72	40	100
27,91	24	48	24	86	41,14	24	28	24	100	53,47	44	64	28	72
28,00	28	48	24	100	41,34	40	72	32	86	53,57	40	56	24	64
28,57	24	56	24	72	41,67	40	64	24	72	53,58	72	86	32	100
28,65	44	86	28	100	41,68	64	86	28	100	54,00	72	64	24	100
28,80	24	40	24	100	41,86	48	64	24	86	54,26	40	48	28	86
28,94	32	72	28	86	42,00	56	64	24	100	54,55	32	44	24	64
29,17	28	64	24	72	42,42	28	44	24	72	54,86	64	56	24	100
29,33	44	72	24	100	42,67	64	72	24	100	55,00	44	64	40	100
29,77	40	86	32	100	42,86	32	56	24	64	55,56	40	64	32	72
30,00	40	64	24	100	43,41	56	72	24	86	55,81	48	64	32	86
30,44	24	44	24	86	43,56	56	72	28	100	56,00	28	24	24	100
30,55	28	44	24	100	43,64	40	44	24	100	56,25	24	32	24	64
31,01	40	72	24	86	43,75	28	48	24	64	56,57	32	44	28	72
31,11	40	72	28	100	43,85	44	56	24	86	56,85	44	72	40	86
31,26	56	86	24	100	44,00	44	48	24	100	56,89	64	72	32	100
31,89	32	56	24	86	44,44	32	48	24	72	56,98	56	64	28	86
32,00	32	48	24	100	44,65	48	86	40	100	57,14	32	48	24	56
32,14	24	56	24	64	44,77	44	64	28	86	57,30	56	86	44	100
32,56	28	48	24	86	44,80	32	40	28	100	57,33	86	72	24	100
32,74	44	86	32	100	45,00	24	40	24	64	57,60	48	40	24	100
33,00	44	64	24	100	45,48	44	72	32	86	57,88	64	72	28	86
33,33	28	56	24	72	45,71	40	56	32	100	58,18	40	44	32	100
33,49	24	40	24	86	45,83	44	64	24	72	58,33	56	64	24	72
33,60	28	40	24	100	46,51	40	64	32	86	58,47	44	56	32	86
34,11	44	72	24	86	46,67	40	48	28	100	58,67	48	72	44	100
34,22	44	72	28	100	46,75	24	44	24	56	58,93	44	56	24	64
34,29	40	56	24	100	46,88	72	86	28	100	59,20	40	44	28	86
34,88	40	64	24	86	47,36	32	44	28	86	59,53	64	86	40	100
34,91	32	44	24	100	47,62	40	56	24	72	59,69	44	48	28	86
35,00	40	64	28	100	47,63	64	86	32	100	60,00	28	40	24	56
35,52	28	44	24	86	47,73	28	44	24	64	60,61	40	44	24	72

Tabelle 9. (Fortsetzung.)

Steigung in mm	Zähnezahlen der Wechselräder				Steigung in mm	Zähnezahlen der Wechselräder				Steigung in mm	Zähnezahlen der Wechselräder			
	E (D)	F (C)	G (B)	H (A)		E (D)	F (C)	G (B)	H (A)		E (D)	F (C)	G (B)	H (A)
60,89	48	44	24	86	72,92	40	48	28	64	86,00	86	56	28	100
61,09	48	44	28	100	73,09	44	56	40	86	86,40	72	40	24	100
61,11	44	64	32	72	73,14	64	56	32	100	86,82	56	72	48	86
61,40	44	40	24	86	73,26	72	64	28	86	87,21	100	64	24	86
61,60	44	40	28	100	73,33	44	48	40	100	87,27	32	40	24	44
61,71	72	56	24	100	73,47	24	28	24	56	87,30	44	56	40	72
62,02	48	72	40	86	73,67	72	86	44	100	87,50	28	24	24	64
62,22	32	40	28	72	73,71	86	56	24	100	87,71	44	28	24	86
62,34	32	44	24	56	74,07	40	48	32	72	88,00	44	24	24	100
62,50	40	56	28	64	74,42	32	24	24	86	88,89	64	56	28	72
62,51	56	86	48	100	74,67	56	72	48	100	89,30	64	40	24	86
62,79	72	64	24	86	75,00	24	32	24	48	89,53	44	32	28	86
62,86	44	56	40	100	75,25	86	64	28	100	89,59	86	64	24	72
63,00	72	64	28	100	75,43	48	56	44	100	89,60	56	40	32	100
63,49	40	56	32	72	75,97	56	48	28	86	90,00	72	64	40	100
63,64	32	44	28	64	76,19	64	56	24	72	90,44	100	72	28	86
63,79	48	56	32	86	76,36	28	40	24	44	90,74	56	48	28	72
63,95	44	64	40	86	76,39	44	64	40	72	90,91	40	44	24	48
64,00	64	56	28	100	76,44	86	72	32	100	90,96	64	72	44	86
64,29	48	56	24	64	76,74	44	32	24	86	91,16	56	40	28	86
64,50	86	64	24	100	76,80	64	40	24	100	91,33	72	44	24	86
64,81	40	48	28	72	77,00	56	64	44	100	91,43	64	56	40	100
65,12	28	24	24	86	77,52	100	72	24	86	91,64	72	44	28	100
65,33	56	48	28	100	77,78	56	64	32	72	91,67	48	64	44	72
65,45	24	40	24	44	77,92	40	44	24	56	93,02	40	24	24	86
65,49	64	86	44	100	78,14	56	40	24	86	93,09	64	44	32	100
65,63	28	32	24	64	78,22	64	72	44	100	93,33	32	40	28	48
66,00	48	64	44	100	78,40	56	40	28	100	93,51	24	28	24	44
66,15	64	72	32	86	78,55	72	44	24	100	93,75	40	32	24	64
66,67	48	64	32	72	78,57	44	56	32	64	93,77	72	86	56	100
66,89	86	72	28	100	79,55	40	44	28	64	93,82	86	44	24	100
66,98	72	86	40	100	79,59	56	72	44	86	94,29	44	40	24	56
67,20	56	40	24	100	79,73	40	28	24	86	94,71	64	44	28	86
67,65	40	44	32	86	80,00	32	40	24	48	95,24	40	28	24	72
68,06	56	64	28	72	80,21	44	48	28	64	95,45	28	32	24	44
68,18	40	44	24	64	80,37	72	86	48	100	95,56	86	72	40	100
68,22	44	48	32	86	80,81	40	44	32	72	95,68	72	56	32	86
68,44	56	72	44	100	81,18	48	44	32	86	96,00	48	24	24	100
68,57	40	28	24	100	81,40	40	32	28	86	96,25	44	40	28	64
68,75	44	48	24	64	81,45	64	44	28	100	96,43	72	56	24	64
69,77	48	64	40	86	81,48	44	48	32	72	96,97	48	44	32	72
69,82	64	44	24	100	81,82	48	44	24	64	97,22	40	32	28	72
69,84	44	56	32	72	81,86	44	40	32	86	97,67	56	64	48	86
70,00	56	64	40	100	82,29	48	28	24	100	97,78	44	40	32	72
70,40	44	40	32	100	82,50	44	40	24	64	97,96	32	28	24	56
70,71	40	44	28	72	82,69	64	72	40	86	98,00	56	32	28	100
71,04	56	44	24	86	82,88	56	44	28	86	98,21	44	56	40	64
71,11	64	72	40	100	83,33	40	48	28	56	98,29	86	56	32	100
71,27	56	44	28	100	83,35	64	86	56	100	98,99	56	44	28	72
71,30	44	48	28	72	83,72	72	64	32	86	99,00	72	64	44	100
71,43	40	48	24	56	84,00	56	64	48	100	99,22	64	48	32	86
71,44	64	86	48	100	84,85	32	44	28	48	99,56	64	72	56	100
71,63	44	40	28	86	85,05	64	56	32	86	99,67	100	56	24	86
71,76	72	56	24	86	85,27	44	48	40	86	100,00	28	24	24	56
72,00	72	48	24	100	85,33	64	48	32	100	100,33	86	48	28	100
72,35	56	72	40	86	85,56	44	40	28	72	100,47	72	40	24	86
72,73	32	44	24	48	85,71	24	28	24	48	100,57	44	28	32	100

Tabellen-Anhang.

Tabelle 9. (Fortsetzung.)

Steigung in mm	Zähnezahlen der Wechselräder E (D)	F (C)	G (B)	H (A)
100,80	72	40	28	100
101,48	48	44	40	86
101,59	64	56	32	72
101,74	100	64	28	86
101,82	56	44	40	100
101,85	44	48	40	72
102,08	56	48	28	64
102,33	44	24	24	86
102,38	86	56	24	72
102,40	64	40	32	100
102,67	56	48	44	100
102,86	24	28	24	40
103,13	44	32	24	64
103,20	86	40	24	100
103,36	100	72	32	86
103,70	32	24	28	72
103,90	40	44	32	56
104,17	100	64	24	72
104,19	64	40	28	86
104,51	86	64	28	72
104,65	72	64	40	86
104,73	72	44	32	100
104,76	44	28	24	72
105,00	28	32	24	40
105,11	86	72	44	100
105,60	48	40	44	100
106,06	40	44	28	48
106,31	40	28	32	86
106,55	72	44	28	86
106,67	40	24	32	100
106,94	56	64	44	72
107,14	40	28	24	64
107,16	72	86	64	100
107,50	86	64	40	100
108,00	72	32	24	100
108,25	64	44	32	86
108,53	40	24	28	86
108,89	56	40	28	72
109,09	48	44	28	56
109,38	40	32	28	64
109,45	86	44	28	100
109,71	64	28	24	100
110,00	44	40	24	48
111,11	40	24	24	72
111,36	56	44	28	64
111,63	64	32	24	86
112,00	56	24	24	100
112,50	48	32	24	64
113,13	56	44	32	72
113,14	72	100	44	56
113,95	56	32	28	86
114,29	48	28	24	72
114,58	44	48	40	64
114,67	86	48	32	100
115,12	72	64	44	86
115,18	86	56	24	64
115,20	72	40	32	100

Steigung in mm	Zähnezahlen der Wechselräder E (D)	F (C)	G (B)	H (A)
115,76	64	72	56	86
116,28	100	64	32	86
116,36	64	44	40	100
116,67	28	24	24	48
116,94	64	56	44	86
117,21	72	40	28	86
117,33	44	24	32	100
117,86	44	32	24	56
118,25	86	64	44	100
118,39	56	44	40	86
118,52	64	48	32	72
119,05	100	56	24	72
119,07	64	40	32	86
119,38	44	24	28	86
119,44	86	48	24	72
119,60	72	56	40	86
120,00	48	40	28	56
120,31	44	32	28	64
120,40	86	40	28	100
121,21	40	44	32	48
121,53	100	64	28	72
121,78	72	44	32	86
122,18	56	44	48	100
122,22	44	24	24	72
122,45	40	28	24	56
122,50	56	40	28	64
122,73	72	44	24	64
122,79	48	40	44	86
122,86	86	56	40	100
123,20	56	40	44	100
123,43	72	56	48	100
124,03	40	24	32	86
124,44	64	40	28	72
124,68	32	28	24	44
125,00	40	24	24	64
125,09	86	44	32	100
125,58	72	64	48	86
125,71	44	40	32	56
126,00	72	32	28	100
126,85	100	44	24	86
126,98	40	28	32	72
127,27	56	44	24	48
127,57	64	28	24	86
127,91	44	32	40	86
128,00	64	24	24	100
128,33	44	40	28	48
128,57	24	28	24	32
129,00	86	64	48	100
129,20	100	72	40	86
129,29	64	44	32	72
129,63	56	48	40	72
130,23	56	24	24	86
130,30	86	44	24	72
130,67	56	24	28	100
130,91	48	40	24	44
130,95	44	48	40	56
131,25	56	32	24	64

Steigung in mm	Zähnezahlen der Wechselräder E (D)	F (C)	G (B)	H (A)
131,56	72	56	44	86
132,00	48	32	44	100
132,89	100	56	32	86
133,33	64	48	28	56
133,78	86	72	56	100
133,93	100	56	24	64
133,95	72	40	32	86
134,38	86	48	24	64
134,40	56	40	48	100
134,69	44	28	24	56
135,00	72	40	24	64
135,14	86	56	44	100
135,31	64	44	40	86
135,66	100	48	28	86
136,11	56	32	28	72
136,36	40	32	24	44
136,43	44	24	32	86
136,51	86	56	32	72
137,14	22	28	24	40
137,50	44	24	24	64
137,60	86	40	32	100
138,89	100	48	24	72
139,26	86	48	28	72
139,53	48	32	40	86
139,64	64	44	48	100
139,68	44	28	32	72
140,00	28	24	24	40
140,26	72	44	24	56
140,80	64	40	44	100
141,41	56	44	40	72
142,07	56	44	48	86
142,12	100	72	44	86
142,22	64	40	32	72
142,59	44	24	28	72
142,86	40	28	32	64
143,18	72	44	28	64
143,26	56	40	44	86
143,33	86	40	24	72
143,52	72	28	24	86
144,00	72	24	24	100
145,35	100	64	40	86
145,45	64	44	28	56
145,83	56	48	40	64
146,18	44	28	40	86
146,29	64	28	32	100
146,51	72	32	28	86
146,59	86	44	24	64
146,67	44	24	40	100
146,94	48	28	24	56
147,43	86	56	48	100
147,99	100	44	28	86
148,15	40	24	32	72
148,48	56	44	28	48
148,84	64	24	24	86
149,31	86	64	40	72
149,33	64	24	28	100
150,00	48	24	24	64

Tabelle 9. (Fortsetzung.)

Steigung in mm	Zähnezahlen der Wechselräder				Steigung in mm	Zähnezahlen der Wechselräder				Steigung in mm	Zähnezahlen der Wechselräder			
	E (D)	F (C)	G (B)	H (A)		E (D)	F (C)	G (B)	H (A)		E (D)	F (C)	G (B)	H (A)
150,50	86	32	28	100	168,75	72	32	24	64	190,91	72	44	28	48
150,86	48	28	44	100	169,13	100	44	32	86	190,97	100	64	44	72
151,52	100	44	24	72	169,70	64	44	28	48	191,11	86	40	32	72
151,94	56	24	28	86	170,10	64	28	32	86	191,36	72	28	32	86
152,02	86	44	28	72	170,45	100	44	24	64	191,96	86	56	40	64
152,22	72	44	40	86	170,54	44	24	40	86	192,00	72	24	32	100
152,38	64	48	32	56	170,63	86	56	40	72	192,50	44	32	28	40
152,73	56	40	24	44	170,67	64	24	32	100	192,86	72	32	24	56
152,78	44	32	40	72	171,02	86	44	28	64	193,50	86	64	72	100
152,89	86	72	64	100	171,11	56	40	44	72	193,80	100	48	40	86
153,13	56	32	28	64	171,43	64	32	24	56	193,94	64	44	32	48
153,49	72	48	44	86	171,88	44	32	40	64	194,44	40	24	28	48
153,57	86	48	24	56	172,00	86	24	24	100	194,81	100	44	24	56
153,60	64	40	48	100	172,82	72	40	48	100	195,35	72	48	56	86
154,00	56	32	44	100	173,61	100	64	40	72	195,45	86	44	24	48
154,29	72	40	24	56	173,64	64	24	28	86	195,56	64	40	44	72
155,04	100	48	32	86	173,74	86	44	32	72	195,92	64	28	24	56
155,56	32	24	28	48	174,42	100	32	24	86	196,36	72	40	24	44
155,84	40	28	24	44	174,55	48	40	32	44	196,43	44	32	40	56
156,25	100	48	24	64	174,60	44	28	40	72	196,57	86	28	32	100
156,28	56	40	48	86	175,00	28	24	24	32	196,88	72	32	28	64
156,36	86	44	40	100	175,42	48	28	44	86	198,00	72	32	44	100
156,77	86	48	28	64	176,00	48	24	44	100	198,41	100	56	40	72
157,09	72	44	48	100	176,77	100	44	28	72	198,45	64	24	32	86
157,14	44	24	24	56	176,79	72	56	44	64	198,86	100	44	28	64
157,50	72	40	28	64	177,78	64	24	24	72	199,07	86	48	40	72
157,67	86	48	44	100	178,18	56	40	28	44	199,34	100	56	48	86
158,40	72	40	44	100	178,57	100	48	24	56	200,00	56	28	24	48
158,73	100	56	32	72	178,60	64	40	48	86	200,67	86	24	28	100
159,09	56	44	40	64	179,07	56	32	44	86	200,93	72	40	48	86
159,26	86	48	32	72	179,17	86	48	28	56	201,14	64	28	44	100
159,47	48	28	40	86	179,20	64	40	56	100	201,56	86	32	24	64
159,88	100	64	44	86	179,59	44	28	32	56	201,60	72	40	56	100
160,00	64	32	40	100	180,00	48	32	24	40	202,02	100	44	32	72
160,42	44	32	28	48	180,88	100	72	56	86	203,17	64	28	32	72
160,71	72	56	40	64	181,48	56	24	28	72	203,49	100	32	28	86
161,25	86	40	24	64	181,82	40	24	24	44	203,64	64	40	28	44
161,62	64	44	40	72	182,29	100	48	28	64	203,71	44	24	40	72
162,04	100	48	28	72	182,66	72	44	48	86	204,17	56	24	28	64
162,37	64	44	48	86	182,72	100	56	44	86	204,55	72	44	40	64
162,79	56	32	40	86	182,86	64	40	32	56	204,65	48	24	44	86
162,91	64	44	56	100	183,27	72	44	56	100	204,76	86	28	24	72
162,96	64	48	44	72	183,33	44	24	24	48	205,33	56	24	44	100
163,27	44	28	32	56	184,19	72	40	44	86	205,71	48	28	24	40
163,33	56	40	28	48	184,29	86	40	24	56	206,25	72	48	44	64
163,64	48	32	24	44	185,19	100	48	32	72	206,40	86	40	48	100
163,72	64	40	44	86	186,05	48	24	40	86	206,72	100	72	64	86
164,24	86	64	44	72	186,67	64	40	28	48	207,41	64	24	28	72
164,57	72	28	32	100	187,01	48	28	24	44	207,79	40	28	32	44
165,00	44	32	24	40	187,50	48	32	40	64	208,33	100	32	24	72
166,11	100	56	40	86	187,64	86	44	48	100	208,37	64	40	56	86
166,23	64	44	32	56	187,70	86	56	44	72	209,03	86	32	28	72
166,67	40	24	24	48	188,13	86	40	28	64	209,30	72	32	40	86
167,22	86	40	28	72	188,57	48	40	44	56	209,45	72	44	64	100
167,44	72	24	24	86	189,20	86	40	44	100	209,52	44	24	32	56
167,53	86	44	24	56	189,43	64	44	56	86	210,00	56	32	24	40
168,00	72	24	28	100	190,48	40	28	32	48	211,16	86	56	44	64

Tabelle 9. (Fortsetzung.)

Steigung in mm	Zähnezahlen der Wechselräder				Steigung in mm	Zähnezahlen der Wechselräder				Steigung in mm	Zähnezahlen der Wechselräder			
	E (D)	F (C)	G (B)	H (A)		E (D)	F (C)	G (B)	H (A)		E (D)	F (C)	G (B)	H (A)
211,42	100	44	40	86	238,89	86	24	24	72	267,91	72	40	64	86
212,12	56	44	40	48	239,20	72	28	40	86	268,75	86	24	24	64
212,62	64	28	40	86	240,00	48	24	24	40	269,39	48	28	44	56
213,11	72	44	56	86	240,63	56	32	44	64	270,00	72	32	24	40
213,18	100	48	44	86	240,80	86	40	56	100	270,29	86	28	44	100
213,33	64	40	48	72	242,42	40	24	32	44	271,32	100	24	28	86
213,89	44	24	28	48	243,06	100	32	28	72	272,22	56	24	28	48
214,29	48	32	40	56	243,55	72	44	64	86	272,73	48	32	40	44
215,00	86	40	24	48	244,32	86	44	40	64	272,87	64	24	44	86
216,00	72	32	48	100	244,44	44	24	32	48	273,02	86	28	32	72
217,05	56	24	40	86	244,90	48	28	40	56	273,44	100	32	28	64
217;17	86	44	40	72	245,00	56	32	28	40	273,64	86	40	28	44
218,18	72	44	32	48	245,45	72	32	24	44	274,29	64	40	48	56
218,26	100	56	44	72	245,53	100	56	44	64	275,00	44	24	24	32
218,75	56	32	40	64	245,71	86	28	40	100	275,20	86	40	64	100
218,91	86	44	56	100	246,35	86	48	44	64	277,78	100	24	24	72
218,98	86	48	44	72	246,86	72	28	48	100	278,70	86	48	56	72
219,43	64	28	48	100	247,50	72	40	44	64	279,07	72	24	40	86
220,00	44	24	24	40	248,06	64	24	40	86	279,22	86	44	40	56
220,41	72	28	24	56	248,89	64	44	56	72	279,37	64	28	44	72
221,14	86	56	72	100	249,35	64	28	24	44	280,00	56	24	24	40
222,22	40	24	32	48	250,00	40	24	24	32	280,52	72	28	24	44
222,73	56	32	28	44	250,18	86	44	64	100	281,25	72	32	40	64
223,21	100	56	40	64	250,83	86	40	28	48	281,45	86	44	72	100
223,26	72	24	32	86	251,16	72	32	48	86	281,55	86	48	44	56
223,38	86	44	32	56	251,43	64	40	44	56	282,86	72	40	44	56
223,96	86	48	40	64	252,00	72	32	56	100	284,09	100	44	40	64
224,00	56	24	48	100	252,53	100	44	40	72	285,19	56	24	44	72
224,49	44	28	40	56	253,70	100	44	48	86	285,71	40	24	24	28
225,00	72	24	24	64	253,97	64	28	40	72	286,36	72	32	28	44
226,26	64	44	56	72	254,55	64	32	28	44	286,46	100	48	44	64
226,29	72	28	44	100	254,63	100	48	44	72	286,67	86	40	32	48
227,27	100	44	24	48	255,15	64	28	48	86	287,04	72	28	48	86
228,03	86	44	28	48	255,81	100	40	44	86	288,00	72	24	48	100
228,57	32	24	24	28	255,95	86	48	40	56	290,70	100	32	40	86
229,09	72	40	28	44	256,00	64	28	56	100	290,91	64	24	24	44
229,17	44	24	40	64	256,67	56	40	44	48	291,67	56	32	40	48
229,33	86	24	32	100	257,14	72	28	32	64	293,02	72	32	56	86
230,23	72	32	44	86	258,00	86	32	48	100	293,18	86	44	48	64
230,36	86	28	24	64	259,26	56	24	40	72	293,33	64	40	44	48
230,40	72	40	64	100	259,74	100	44	32	56	293,88	72	28	32	56
231,48	100	48	40	72	260,42	100	48	40	64	294,86	86	28	48	100
232,56	100	24	24	86	260,47	56	24	48	86	295,63	86	40	44	64
232,73	64	40	32	44	260,61	86	44	32	48	295,98	100	44	56	86
233,33	56	24	24	48	261,22	64	28	32	56	296,30	64	24	40	72
233,77	72	44	40	56	261,63	100	64	72	86	296,98	56	24	28	44
233,89	64	28	44	86	261,82	72	40	32	44	297,62	100	48	40	56
234,38	100	32	24	64	261,90	44	28	40	48	297,67	64	28	56	86
234,42	72	40	56	86	262,50	72	32	28	48	298,61	86	32	40	72
234,55	86	40	24	44	262,78	86	40	44	72	298,67	64	24	56	100
234,67	64	24	44	100	263,12	72	28	44	86	299,00	100	56	72	86
235,16	86	32	28	64	263,27	86	28	24	56	300,00	48	24	24	32
235,71	44	28	24	32	264,00	72	24	44	100	301,00	86	32	56	100
236,50	86	32	44	100	265,15	100	44	28	48	303,03	100	44	48	72
237,04	64	24	32	72	265,78	100	28	32	86	304,04	86	44	56	72
238,10	100	28	24	72	266,67	64	24	24	48	304,76	64	28	48	72
238,76	56	24	44	86	267,86	100	56	48	64	305,45	56	40	48	44

Tabelle 9. (Fortsetzung.)

Steigung in mm	Zähnezahlen der Wechselräder				Steigung in mm	Zähnezahlen der Wechselräder				Steigung in mm	Zähnezahlen der Wechselräder			
	E (D)	F (C)	G (B)	H (A)		E (D)	F (C)	G (B)	H (A)		E (D)	F (C)	G (B)	H (A)
305,56	44	24	40	48	347,47	86	44	64	72	398,67	100	28	48	86
306,12	100	28	24	56	348,84	100	32	48	86	400,00	72	24	32	48
306,98	72	24	44	86	349,09	64	40	48	44	401,33	86	24	56	100
307,14	86	28	24	48	350,00	56	24	24	32	401,79	100	56	72	64
308,57	72	40	48	56	351,02	86	28	32	56	403,13	86	48	72	64
309,38	72	32	44	64	353,54	100	44	56	72	404,04	100	44	64	72
309,60	86	40	72	100	353,57	72	32	44	56	404,08	72	28	44	56
310,08	100	48	64	86	355,56	64	24	32	48	406,98	100	32	56	86
311,11	64	32	56	72	357,14	100	24	24	56	407,27	64	40	56	44
311,69	48	28	40	44	358,33	86	24	24	48	408,16	100	28	32	56
312,50	100	24	24	64	359,18	64	28	44	56	408,33	56	24	28	32
312,73	86	40	32	44	360,00	72	24	24	40	409,09	72	32	40	44
313,54	86	32	28	48	363,64	48	24	40	44	409,52	86	48	64	56
314,29	44	24	24	28	364,58	100	32	28	48	411,43	72	40	64	56
315,00	72	32	28	40	365,45	100	28	44	86	412,50	72	32	44	48
315,33	86	24	44	100	365,71	64	28	32	40	414,81	64	24	56	72
317,46	100	56	64	72	366,67	56	28	44	48	415,58	64	28	40	44
318,18	100	40	28	44	367,34	72	28	40	56	416,67	100	32	48	72
318,52	86	24	32	72	368,57	86	28	24	40	418,06	86	32	56	72
319,77	100	32	44	86	369,53	86	32	44	64	418,60	100	40	72	86
320,00	64	24	24	40	370,37	100	24	32	72	419,05	64	28	44	48
320,83	56	24	44	64	372,09	100	40	64	86	420,00	56	32	48	40
321,43	72	32	40	56	373,26	100	64	86	72	422,32	86	32	44	56
322,50	86	32	24	40	373,33	64	24	28	40	424,24	56	24	40	44
324,07	100	24	28	72	374,03	72	44	64	56	426,36	100	24	44	86
324,68	100	44	40	56	375,00	100	32	24	40	426,59	100	56	86	72
325,60	100	40	56	86	375,40	86	28	44	72	426,67	64	24	32	40
325,76	86	44	40	48	376,25	86	32	28	40	427,78	44	24	28	24
325,93	64	24	44	72	377,14	48	28	44	40	428,57	100	40	48	56
326,53	64	28	40	56	378,79	100	44	40	48	429,69	100	32	44	64
326,67	56	24	28	40	380,55	100	44	72	86	430,00	86	24	24	40
327,27	72	24	24	44	380,95	40	24	32	28	436,36	72	44	64	48
327,38	100	48	44	56	381,82	72	24	28	44	436,51	100	28	44	72
328,47	86	32	44	72	381,94	100	32	44	72	437,50	100	40	56	64
329,14	72	28	64	100	382,22	86	40	64	72	437,96	86	24	44	72
330,00	72	40	44	48	382,72	72	28	64	86	438,78	86	28	40	56
332,23	100	28	40	86	383,93	86	32	40	56	439,77	86	44	72	64
332,47	64	28	32	44	384,00	72	24	64	100	440,00	64	32	44	40
333,33	56	28	40	48	385,00	56	32	44	40	440,82	72	28	48	56
334,44	86	40	56	72	385,71	72	28	24	32	442,29	86	28	72	100
334,88	72	24	48	86	387,00	86	32	72	100	444,44	100	40	64	72
335,06	86	44	48	56	387,60	100	24	40	86	446,43	100	28	40	64
335,94	86	32	40	64	387,88	64	24	32	44	446,51	72	24	64	86
336,00	72	24	56	100	388,89	40	24	28	24	446,75	86	44	64	56
337,50	72	32	48	64	389,61	100	28	24	44	447,92	86	32	40	48
337,86	86	40	44	56	390,63	100	32	40	64	450,00	72	24	48	64
328,27	100	44	64	86	390,70	72	24	56	86	454,55	100	24	24	44
339,39	64	24	28	44	390,91	86	24	24	44	456,06	86	44	56	48
340,91	100	32	24	44	391,84	64	28	48	56	457,14	64	24	24	28
341,27	86	28	40	72	392,73	72	40	48	44	458,18	72	40	56	44
342,05	86	32	28	44	392,86	100	40	44	56	458,33	100	40	44	48
342,86	64	28	24	32	393,14	86	28	64	100	458,67	86	24	64	100
343,75	100	40	44	64	393,75	72	32	56	64	460,71	86	48	72	56
344,00	86	32	64	100	394,17	86	40	44	48	462,96	100	24	40	72
345,54	86	56	72	64	396,83	100	28	40	72	465,12	100	32	64	86
347,22	100	32	40	72	397,73	100	44	56	64	466,67	64	32	56	48
347,29	64	24	56	86	398,15	86	24	40	72	467,53	72	28	40	44

Tabelle 9. (Fortsetzung.)

Steigung in mm	Zähnezahlen der Wechselräder				Steigung in mm	Zähnezahlen der Wechselräder				Steigung in mm	Zähnezahlen der Wechselräder			
	E (D)	F (C)	G (B)	H (A)		E (D)	F (C)	G (B)	H (A)		E (D)	F (C)	G (B)	H (A)
468,75	100	48	72	64	555,56	100	32	64	72	670,13	86	28	48	44
469,09	86	40	48	44	557,41	86	24	56	72	671,88	100	40	86	64
470,31	86	32	56	64	558,44	86	28	40	44	675,71	86	28	44	40
471,43	72	28	44	48	559,90	100	48	86	64	678,79	64	24	56	44
476,19	100	48	64	56	560,00	64	32	56	40	681,82	100	44	72	48
477,78	86	32	64	72	561,04	72	28	48	44	684,09	86	32	56	44
479,91	100	56	86	64	561,22	100	28	44	56	685,71	72	28	64	48
480,00	72	40	64	48	562,50	100	40	72	64	687,50	100	32	44	40
482,65	86	28	44	56	563,10	86	28	44	48	691,07	86	32	72	56
483,75	86	40	72	64	565,71	72	28	44	40	694,44	100	24	40	48
484,85	64	24	40	44	568,18	100	32	40	44	697,67	100	24	72	86
486,11	100	32	56	72	571,43	100	40	64	56	698,05	100	44	86	56
488,64	86	32	40	44	572,73	72	32	56	44	700,00	72	24	56	48
488,89	44	24	32	24	572,92	100	32	44	48	702,04	86	28	64	56
490,91	72	32	48	44	573,33	86	40	64	48	703,13	100	32	72	64
491,07	100	32	44	56	581,82	64	24	48	44	703,64	86	40	72	44
491,43	86	40	64	56	583,34	100	40	56	48	707,14	72	28	44	32
492,71	86	24	44	64	584,42	100	44	72	56	711,11	64	24	32	24
495,00	72	32	44	40	586,36	86	44	72	48	714,29	100	32	64	56
497,69	100	48	86	72	586,67	64	24	44	40	716,67	86	32	64	48
498,70	64	28	48	44	587,76	72	28	64	56	720,00	72	32	64	40
500,00	72	24	40	48	591,25	86	32	44	40	727,27	100	40	64	44
501,67	86	24	28	40	595,24	100	28	40	48	729,17	100	32	56	48
502,60	86	44	72	56	597,22	100	40	86	72	733,33	48	24	44	24
502,86	64	28	44	40	598,01	100	28	72	86	737,14	86	28	48	40
509,09	64	32	56	44	600,00	56	28	48	32	740,74	100	24	64	72
509,26	100	24	44	72	604,69	86	32	72	64	746,53	100	32	86	72
510,20	100	28	40	56	606,06	100	44	64	48	746,67	64	24	56	40
511,36	100	44	72	64	609,52	64	24	32	28	748,05	72	28	64	44
511,90	86	28	40	48	610,80	100	44	86	64	750,00	100	40	72	48
513,33	56	24	44	40	611,11	44	24	40	24	752,50	86	32	56	40
514,29	72	24	48	56	612,24	100	28	48	56	757,58	100	24	40	44
516,00	86	24	72	100	614,29	86	24	48	56	761,90	64	24	40	28
519,48	100	44	64	56	617,14	72	28	48	40	763,64	72	24	56	44
520,83	100	32	40	48	620,16	100	24	64	86	763,89	100	24	44	48
521,21	86	44	64	48	622,22	64	24	56	48	767,86	100	40	86	56
523,26	100	32	72	86	625,00	100	28	56	64	771,43	72	28	48	32
523,64	72	40	64	44	625,45	86	40	64	44	777,78	56	24	40	24
523,81	44	24	40	28	627,08	86	32	56	48	779,22	100	28	48	44
525,00	72	32	56	48	628,57	64	28	44	32	781,82	86	32	64	44
526,53	86	28	48	56	630,00	72	32	56	40	785,71	100	28	44	40
530,30	100	44	56	48	634,92	100	28	64	72	788,33	86	24	44	40
531,56	100	28	64	86	636,36	100	40	56	44	789,80	86	28	72	56
533,33	64	28	56	48	637,04	86	24	64	72	795,45	100	32	56	44
535,71	100	48	72	56	639,88	100	56	86	48	800,00	72	24	64	48
537,50	86	28	56	64	640,00	64	28	56	40	803,57	100	32	72	56
540,00	72	32	48	40	641,67	56	24	44	32	806,25	86	32	72	48
542,64	100	24	56	86	642,86	100	40	72	56	814,39	100	44	86	48
542,93	100	44	86	72	645,00	86	40	72	48	816,33	100	28	64	56
544,44	56	24	28	24	648,15	100	24	56	72	818,18	100	40	72	44
545,45	100	40	48	44	649,35	100	28	40	44	819,05	86	28	64	48
546,03	86	28	64	72	651,52	86	24	40	44	822,86	72	28	64	40
546,88	100	32	56	64	654,55	72	32	64	44	825,00	72	24	44	32
547,28	86	40	56	44	654,76	100	28	44	48	833,33	100	32	64	48
548,57	64	28	48	40	656,94	86	24	44	48	836,11	86	24	56	48
550,00	56	28	44	32	660,00	72	24	44	40	838,10	64	24	44	28
552,86	86	40	72	56	666,67	100	24	32	40	839,84	100	32	86	64

Tabelle 9. (Fortsetzung.)

Steigung in mm	Zähnezahlen der Wechselräder				Steigung in mm	Zähnezahlen der Wechselräder				Steigung in mm	Zähnezahlen der Wechselräder			
	E (D)	F (C)	G (B)	H (A)		E (D)	F (C)	G (B)	H (A)		E (D)	F (C)	G (B)	H (A)
840,00	72	24	56	40	1022,73	100	32	72	44	1333,33	100	24	64	40
844,64	86	28	44	32	1023,81	86	24	40	28	1343,75	100	32	86	40
853,17	100	28	86	72	1028,57	72	28	64	32	1363,64	100	24	72	44
855,56	56	24	44	24	1038,96	100	28	64	44	1371,42	72	24	64	28
857,14	100	28	48	40	1041,67	100	24	40	32	1382,14	86	28	72	32
860,00	86	32	64	40	1042,42	86	24	64	44	1388,89	100	24	40	24
872,73	72	24	64	44	1050,00	72	24	56	32	1396,10	100	28	86	44
875,00	100	32	56	40	1060,61	100	24	56	44	1400,00	72	24	56	24
879,55	86	32	72	44	1066,67	64	24	56	28	1428,57	100	24	48	28
888,89	64	24	40	24	1071,43	100	28	72	48	1433,33	86	24	48	24
892,86	100	28	40	32	1075,00	86	24	48	32	1458,33	100	24	56	32
893,51	86	28	64	44	1095,92	100	28	86	56	1493,06	100	24	86	48
895,83	100	40	86	48	1100,00	72	24	44	24	1500,00	100	24	72	40
900,00	72	28	56	32	1105,71	86	28	72	40	1527,78	100	24	44	24
909,09	100	32	64	44	1111,11	100	24	32	24	1535,71	100	28	86	40
912,12	86	24	56	44	1119,79	100	24	86	64	1600,00	72	24	64	24
914,29	64	24	48	28	1125,00	100	32	72	40	1607,14	100	28	72	32
916,67	100	24	44	40	1126,19	86	24	44	28	1612,05	86	24	72	32
918,37	100	28	72	56	1142,86	100	28	64	40	1628,79	100	24	86	44
921,43	86	28	72	48	1145,83	100	24	44	32	1638,10	86	24	64	28
933,33	64	24	56	32	1146,67	86	24	64	40	1666,67	100	24	48	24
937,50	100	32	72	48	1166,67	100	24	56	40	1672,22	86	24	56	24
942,86	72	24	44	28	1168,83	100	28	72	44	1791,67	100	24	86	40
952,38	100	28	64	48	1172,73	86	24	72	44	1842,86	86	24	72	28
955,56	86	24	64	48	1190,48	100	24	40	28	1875,00	100	24	72	32
959,82	100	32	86	56	1194,44	86	24	40	24	1904,76	100	24	64	28
960,00	72	24	64	40	1200,00	72	24	64	32	1911,11	86	24	64	24
967,50	86	32	72	40	1212,12	100	24	64	44	1919,64	100	28	86	32
972,22	100	24	56	48	1221,59	100	32	86	44	1944,44	100	24	56	24
977,27	100	40	86	44	1228,57	86	24	48	28	2142,86	100	24	72	28
977,78	64	24	44	24	1244,44	64	24	56	24	2150,00	86	24	72	24
982,14	100	28	44	32	1250,00	100	24	48	32	2222,22	100	24	64	24
982,86	86	28	64	40	1254,17	86	24	56	32	2239,58	100	24	86	32
985,42	86	24	44	32	1279,76	100	24	86	56	2500,00	100	24	72	24
995,37	100	24	86	72	1285,72	100	28	72	40	2559,52	100	24	86	28
1000,00	100	28	56	40	1290,00	86	24	72	40	2986,11	100	24	86	24
1003,33	86	24	56	40	1309,52	100	24	44	28					
1005,19	86	28	72	44	1313,89	86	24	44	24					

Tabellen-Anhang.

Tabelle 10. *Steigung einer Schraubenlinie auf einem Zylinder mit dem Durchmesser 1.*

Winkel	0′	6′	12′	18′	24′	30′	36′	42′	48′	54′	60′
0	∞	1800,000	900,000	600,000	450,000	359.992	299,993	257,129	224,984	199,982	179,983
1	179,983	163,618	149,979	138,435	128,547	119,972	112,471	105,851	99,967	94,702	89,964
2	89,964	85,676	81,778	78,219	74,957	71,955	69,183	66,618	64,234	62,016	59,944
3	59,944	58,009	56,191	54,485	52,879	51,364	49,934	48,581	47,299	46,083	44,927
4	44,927	43,828	42,780	41,782	40,829	39,918	39,046	38,212	37,412	36,645	35,909
5	35,909	35,201	34,520	33,865	33,235	32,627	32,C41	31,475	30,929	30,401	29,890
6	29,890	29,397	28,919	28,457	28,008	27,573	27,152	26,743	26,346	25,961	25,586
7	25,586	25,222	24,868	25,524	24,189	23,863	23,545	23,236	22,934	22.640	22,354
8	22,354	22,074	21,801	21,535	21,275	21,021	20,773	20,530	20,294	20,062	19,835
9	19,835	19,614	19,397	19,185	18,977	18,773	18,574	18,379	18,188	18,001	17,817
10	17,817	17,637	17,460	17,287	17,117	16,950	16,787	16,627	16,469	16,314	16,162
11	16,162	16,013	15,866	15,722	15,580	15,441	15,305	15,170	15,038	14,908	14,780
12	14,780	14,654	14,530	14,409	14,289	14,171	14,055	13,940	13,828	13,717	13,608
13	13,608	13,500	13,394	13,290	13,187	13,086	12,986	12,887	12,790	12,695	12,600
14	12,600	12,507	12,415	12,325	12,236	12,148	12,061	11,975	11,891	11,807	11,725
15	11,725	11,643	11,562	11,484	11,405	11,328	11,252	11,177	11,102	11,029	10,956
16	10,956	10.884	10,814	10,743	10,674	10,606	10,538	10,471	10,405	10,340	10,276
17	10,276	10,212	10,149	10,086	10,025	9,964	9,903	9,844	9,785	9,727	9,669
18	9,669	9,612	9,555	9,499	9,444	9,389	9,335	9,282	9,228	9,176	9,124
19	9,124	9,072	9,022	8,971	8,921	8,872	8,823	8,774	8,726	8,679	8,631
20	8,631	8,584	8,539	8,493	8,448	8,403	8,358	8,314	8,270	8,227	8,184
21	8.184	8,142	8,099	8,058	8,016	7,975	7,935	7,893	7,855	7,815	7,776
22	7,776	7,737	7,698	7,660	7,622	7,584	7,547	7,510	7,474	7,437	7,401
23	7,401	7,365	7,330	7,295	7,260	7,225	7,191	7,157	7,123	7,089	7,056
24	7,056	7,023	6,991	6,958	6,926	6,894	6,862	6,830	6,799	6,768	6,737
25	6,737	6,707	6,676	6,646	6,616	6,586	6,557	6,528	6,499	6,470	6,441
26	6,441	6,413	6,385	6,357	6,329	6,301	6,274	6,246	6,219	6,192	6,166
27	6,166	6,139	6,113	6,087	6,061	6,035	6,009	5,984	5,959	5,933	5,909
28	5,909	5,884	5,859	5,835	5,810	5,786	5,762	5,738	5,715	5,691	5,668
29	5,668	5,644	5,621	5,598	5,575	5,553	5,530	5,508	5,486	5.463	5,441
30	5,441	5,420	5,398	5,376	5,355	5,333	5,312	5.291	5,270	5,249	5,228
31	5,228	5,208	5,187	5,167	5,147	5,127	5,107	5,087	5,067	5,047	5,028
32	5,028	5,008	4,989	4,969	4,950	4,931	4,912	4,894	4,875	4,856	4,838
33	4,838	4,819	4,801	4,783	4,764	4,746	4,728	4,711	4,693	4,675	4,658
34	4,658	4,640	4,623	4,605	4,588	4,571	4,554	4,537	4,520	4,503	4,487
35	4,487	4,470	4,453	4,437	4,421	4,404	4,388	4,372	4,356	4,340	4,324
36	4,324	4,308	4,292	4,277	4,261	4,246	4,230	4,215	4,199	4,184	4,169
37	4,169	4,154	4,139	4,124	4,109	4,094	4,079	4,065	4,050	4,036	4,021
38	4,021	4,007	3,992	3,978	3,964	3,949	3,935	3,921	3,907	3,893	3,879
39	3,879	3,866	3,852	3,838	3,825	3,811	3,798	3,784	3,771	3,757	3,744
40	3,744	3,731	3,718	3,704	3,691	3,678	3,665	3,652	3,640	3,627	3,614
41	3,614	3,601	3,589	3,576	3,563	3,551	3,538	3,526	3,514	3,501	3,489
42	3,489	3,477	3,465	3,453	3,440	3,428	3,416	3,404	3,393	3,381	3,369
43	3,369	3,357	3,345	3,334	3,322	3,311	3,299	3,287	3,276	3,265	3,253
44	3,253	3,242	3,231	3,219	3,208	3,197	3,186	3,175	3,164	3,153	3,142
45	3,142	3,131	3,120	3,109	3,098	3,087	3,076	3,066	3,055	3,044	3,034
46	3,034	3,023	3,013	3,002	2,992	2,981	2,971	2,960	2,950	2,940	2,930
47	2,930	2,919	2,909	2,899	2,889	2,879	2,869	2,859	2,849	2.839	2,829
48	2,829	2,819	2,809	2,799	2,789	2,779	2,770	2,760	2,750	2,741	2,731
49	2,731	2,721	2,712	2,702	2,693	2,683	2,674	2,664	2,655	2,645	2,636
50	2,636	2,627	2,617	2,608	2,599	2,590	2,581	2,571	2,562	2,553	2,544
51	2,544	2,535	2,526	2,517	2,508	2,499	2,490	2,481	2,472	2,463	2,454
52	2,454	2,446	2,437	2,428	2,419	2,411	2,402	2,393	2,385	2,376	2,367
53	2,367	2,359	2,350	2,342	2,333	2,325	2,316	2,308	2,299	2,291	2,282
54	2,282	2,274	2,266	2,257	2,249	2,241	2,233	2,224	2,216	2,208	2,200
55	2,200	2,192	2,183	2,175	2,167	2,159	2,151	2,143	2,135	2,127	2,119
56	2,119	2,111	2,103	2,095	2,087	2,079	2,071	2,064	2,056	2,048	2,040
57	2,040	2,032	2,025	2,017	2,009	2,001	1,994	1,986	1,978	1,971	1,963
58	1,963	1,955	1,948	1,940	1,933	1,925	1,918	1,910	1,903	1,895	1,888

Tabelle 10. (Fortsetzung.)

Winkel	0′	6′	12′	18′	24′	30′	36′	42′	48′	54′	60′
59	1,888	1,880	1,873	1,865	1,858	1,851	1,843	1,836	1,828	1,821	1,814
60	1,814	1,806	1,799	1,792	1,785	1,777	1,770	1,763	1,756	1,749	1,741
61	1,741	1,734	1,727	1,720	1,713	1,706	1,699	1,692	1,685	1,677	1,670
62	1,670	1,663	1,656	1,649	1,642	1,635	1,628	1,622	1,615	1,608	1,601
63	1,601	1,594	1,587	1,580	1,573	1,566	1,560	1,553	1,546	1,539	1,532
64	1.532	1,525	1,519	1,512	1,505	1,498	1,492	1,485	1,478	1,472	1,465
65	1,465	1,458	1,452	1,445	1,438	1,432	1,425	1,418	1,412	1,405	1,399
66	1,399	1,392	1,386	1,379	1,373	1,366	1,359	1,353	1,346	1,340	1,334
67	1,334	1,327	1,321	1,314	1,308	1,301	1,295	1,288	1,282	1,276	1,269
68	1,269	1,263	1,257	1,250	1,244	1,238	1,231	1,225	1,219	1,212	1,206
69	1,206	1,200	1,193	1,187	1,181	1,175	1,168	1,162	1,156	1,150	1,143
70	1,143	1,137	1,131	1,125	1,119	1,112	1,106	1,100	1,094	1,088	1,082
71	1,082	1,076	1,069	1,063	1,057	1,051	1,045	1,039	1,033	1,027	1,021
72	1,021	1,015	1,009	1,003	0,997	0,991	0,985	0,978	0,972	0,966	0,960
73	0,960	0,954	0,948	0,943	0,937	0,931	0,925	0,919	0,913	0,907	0,901
74	0,901	0,895	0,889	0,883	0,877	0,871	0,865	0,859	0,854	0,848	0,842
75	0,842	0,836	0,830	0,824	0,818	0,812	0,807	0,801	0,795	0,789	0,783
76	0,783	0,777	0,772	0,766	0,760	0,754	0,748	0,743	0,737	0,731	0,725
77	0,725	0,720	0,714	0,708	0,702	0,696	0,691	0,685	0,679	0,673	0,668
78	0,668	0,662	0,656	0,651	0,645	0,639	0,633	0,628	0,622	0,616	0,611
79	0,611	0,605	0,599	0,594	0 588	0,582	0,577	0,571	0,565	0,560	0,554
80	0,554	0,548	0,543	0,537	0,531	0,526	0,520	0,514	0,509	0,503	0,498
81	0,498	0,492	0,486	0,481	0,475	0,469	0,464	0,458	0,453	0,447	0,442
82	0,442	0,436	0,430	0,425	0,419	0,414	0,408	0,402	0,397	0,391	0,386
83	0,386	0,380	0,375	0,369	0,363	0,358	0,352	0,347	0,341	0,336	0,330
84	0,330	0,325	0,319	0,314	0,308	0,302	0,297	0,291	0,286	0,280	0,275
85	0,275	0,269	0,264	0,258	0,253	0,247	0,242	0,236	0,231	0,225	0,220
86	0,220	0,214	0,209	0,203	0,198	0,192	0,187	0,181	0,176	0,170	0,165
87	0,165	0,159	0,154	0,148	0,143	0,137	0,132	0,126	0,121	0,115	0,110
88	0,110	0,104	0,099	0,093	0,088	0,082	0,077	0,071	0,066	0,060	0,055
89	0,055	0,049	0,044	0,038	0,033	0,027	0,022	0,016	0,011	0,005	0,000

Tabelle 11. *Fräsen von Kurvenscheiben.*

Steigung der Kurvenscheibe in mm	Durch Wechselräder eingestellte Steigung in mm	Neigungswinkel in Graden	Steigung der Kurvenscheibe in mm	Durch Wechselräder eingestellte Steigung in mm	Neigungswinkel in Graden	Steigung der Kurvenscheibe in mm	Durch Wechselräder eingestellte Steigung in mm	Neigungswinkel in Graden	Steigung der Kurvenscheibe in mm	Durch Wechselräder eingestellte Steigung in mm	Neigungswinkel in Graden
10,00		$41^3/_4$	12,70		$18^1/_2$	15,40		$9^3/_4$	18,10		$13^1/_4$
,05		$41^1/_2$	,75		$17^3/_4$	,45		$8^3/_4$	,15		$12^3/_4$
,10		41	,80		$17^1/_4$	,50	15,63	$7^1/_4$	,20		12
,15		$40^3/_4$	,85		$16^1/_2$	,55		$5^3/_4$	,25		$11^1/_4$
,20		$40^1/_2$	,90		$15^3/_4$	,60		$3^1/_2$	,30		$10^1/_2$
,25		40	,95		$14^3/_4$	,65		12	,35	18,60	$9^1/_2$
,30		$39^3/_4$	13,00		14	,70		11	,40		$8^1/_2$
,35		$39^1/_2$	,05·	13,40	13	,75		$10^1/_4$	,45		$7^1/_2$
,40		39	,10		12	,80	16,00	9	,50		6
,45		$38^3/_4$	,15		11	,85		$7^3/_4$	,55		$4^1/_2$
,50		$38^1/_2$	,20		$9^3/_4$	,90		$6^1/_2$	,60		$1^1/_4$
,55		38	,25		$8^1/_2$	,95		$4^1/_2$	,65	18,67	$2^1/_2$
,60		$37^3/_4$	,30		$6^3/_4$	16,00		0	,70		$24^3/_4$
,65		$37^1/_4$	,35		$4^3/_4$	,05		26	,75		$24^1/_4$
,70		37	,40		0	,10		$25^3/_4$	,80		24
,75		$36^3/_4$	,45		$30^1/_2$	,15		$25^1/_4$	,85		$23^1/_2$
,80		$36^1/_2$	,50		$30^1/_4$	,20		25	,90		$23^1/_4$
,85		36	,55		30	,25		$24^1/_2$	,95		23
,90		$35^1/_2$	,60		$29^1/_2$	,30		24	19,00		$22^1/_2$
,95		$35^1/_4$	,65		$29^1/_4$	,35		$23^3/_4$	,05		$22^1/_4$
11,00		$34^3/_4$	,70		$28^3/_4$	,40		$23^1/_4$	,10		$21^3/_4$
,05		$34^1/_2$	,75		$28^1/_2$	,45		23	,15		$21^1/_2$
,10		34	,80		28	,50		$22^1/_2$	,20		21
,15		$33^3/_4$	,85		$27^1/_2$	,55		22	,25		$20^3/_4$
,20		$33^1/_4$	,90		$27^1/_4$	,60		$21^3/_4$	,30		$20^1/_4$
,25		33	,95		$26^3/_4$	,65		$21^1/_4$	,35		$19^3/_4$
,30	13,40	$32^1/_2$	14,00		$26^1/_2$	,70		$20^3/_4$	,40		$19^1/_2$
,35		32	,05		26	,75		$20^1/_4$	,45		19
,40		$31^3/_4$	,10		$25^1/_2$	,80		$19^3/_4$	,50		$18^1/_2$
,45		$31^1/_4$	,15		25	,85		$19^1/_4$	,55		$18^1/_4$
,50		$30^3/_4$	,20		$24^3/_4$	,90		$18^3/_4$	,60		$17^3/_4$
,55		$30^1/_2$	,25		$24^1/_4$	,95	17,86	$18^1/_4$	,65	20,57	$17^1/_4$
,60		30	,30		$23^3/_4$	17,00		$17^3/_4$	,70		$16^3/_4$
,65		$29^1/_2$	,35		$23^1/_4$	,05		$17^1/_4$	,75		$16^1/_4$
,70		$29^1/_4$	,40		$22^3/_4$	,10		$16^3/_4$	,80		$15^3/_4$
,75		$28^3/_4$	,45		$22^1/_2$	,15		$16^1/_4$	,85		$15^1/_4$
,80		$28^1/_4$	,50		22	,20		$15^3/_4$	,90		$14^3/_4$
,85		$27^3/_4$	,55		$21^1/_2$	,25		15	,95		14
,90		$27^1/_4$	,60		21	,30		$14^1/_2$	20,00		$13^1/_2$
,95		$26^3/_4$	,65		$20^1/_4$	,35		$13^3/_4$	,05		13
12,00		$26^1/_2$	,70	15,63	$19^3/_4$	,40		13	,10		$12^1/_4$
,05		26	,75		$19^1/_4$	,45		$12^1/_4$	,15		$11^1/_2$
,10		$25^1/_2$	,80		$18^3/_4$	,50		$11^1/_2$	,20		11
,15		25	,85		$18^1/_4$	,55		$10^3/_4$	,25		$10^1/_4$
,20		$24^1/_2$	,90		$17^1/_2$	,60		$9^3/_4$	,30		$9^1/_4$
,25		$23^3/_4$	,95		17	,65		$8^3/_4$	,35		$8^1/_2$
,30		$23^1/_4$	15,00		$16^1/_4$	,70		$7^3/_4$	,40		$7^1/_2$
,35		$22^3/_4$	,05		$15^3/_4$	,75		$6^1/_4$	,45		$6^1/_4$
,40		$22^1/_4$	,10		15	,80		$4^3/_4$	,50		$4^3/_4$
,45		$21^3/_4$	,15		$14^1/_4$	,85		2	,55		$2^1/_2$
,50		21	,20		$13^1/_2$	,90		6	,60		$8^3/_4$
,55		$20^1/_2$	,25		$12^1/_2$	,95	18,00	$4^1/_4$	,65	20,84	$7^3/_4$
,60		$19^3/_4$	,30		$11^3/_4$	18,00		0	,70		$6^3/_4$
,65		$19^1/_4$	,35		$10^3/_4$	,05	18,60	14	,75		$5^1/_4$

Tabelle 11. (Fortsetzung.)

Steigung der Kurvenscheibe in mm	Durch Wechselräder eingestellte Steigung in mm	Neigungswinkel in Graden	Steigung der Kurvenscheibe in mm	Durch Wechselräder eingestellte Steigung in mm	Neigungswinkel in Graden	Steigung der Kurvenscheibe in mm	Durch Wechselräder eingestellte Steigung in mm	Neigungswinkel in Graden	Steigung der Kurvenscheibe in mm	Durch Wechselräder eingestellte Steigung in mm	Neigungswinkel in Graden
20,80	20,84	$3\frac12$	21,85		$11\frac34$	22,90		$16\frac34$	23,95	24,00	$3\frac34$
,85	20,93	5	,90		$11\frac14$	,95		$16\frac14$	24,00		0
,90		3	,95		$10\frac12$	23,00		16	,05		10
,95	21,00	4	22,00		$9\frac34$	,05		$15\frac12$	,10		$9\frac14$
21,00		0	,05	22,33	9	,10		15	,15		$8\frac34$
,05		$9\frac14$	,10		$8\frac14$	,15		$14\frac12$	,20	24,42	$7\frac34$
,10		$8\frac12$	,15		$7\frac14$	,20		14	,25		$6\frac34$
,15	21,33	$7\frac12$	,20		6	,25		$13\frac12$	,30		$5\frac34$
,20		$6\frac12$	,25		$4\frac34$	,30		13	,35		$4\frac14$
,25		5	,30		$2\frac34$	,35		$12\frac12$	,40		$2\frac14$
,30		$3\frac14$	,35		$20\frac34$	,40	23,92	12	,45		$5\frac14$
,35		$10\frac12$	,40		$20\frac12$	,45		$11\frac12$	,50	24,56	3
,40		$9\frac12$	,45		$20\frac14$	,50		$10\frac34$	,55		$1\frac12$
,45		$8\frac34$	,50		$19\frac34$	,55		10	,60		$7\frac12$
,50		8	,55		$19\frac12$	,60		$9\frac12$	,65		$6\frac12$
,55	21,71	$6\frac34$	,60	23,92	19	,65		$8\frac12$	,70	24,81	$5\frac14$
,60		$5\frac34$	,65		$18\frac34$	,70		$7\frac34$	,75		$3\frac34$
,65		4	,70		$18\frac14$	,75		$6\frac34$	,80		$1\frac14$
,70		$1\frac14$	,75		18	,80		$5\frac34$	,85	24,89	$3\frac14$
,75	22,33	13	,80		$17\frac12$	,85		$4\frac12$	,90	25,00	$5\frac14$
,80		$12\frac12$	,85		$17\frac14$	,90		$2\frac14$	,95		$3\frac34$

Tabelle 12. *Hilfstabelle für das Fräsen von Kurvenscheiben.*

Unterschied zwischen verlangter und eingestellter Steigung, in % der eingestellten Steigung	Neigungswinkel	Unterschied zwischen verlangter und eingestellter Steigung, in % der eingestellten Steigung	Neigungswinkel	Unterschied zwischen verlangter und eingestellter Steigung, in % der eingestellten Steigung	Neigungswinkel
0	0	0,503	$5\frac34$	2,007	$11\frac12$
0,001	$\frac14$	0,548	6	2,095	$11\frac34$
0,004	$\frac12$	0,594	$6\frac14$	2,185	12
0,008	$\frac34$	0,643	$6\frac12$	2,277	$12\frac14$
0,015	1	0,693	$6\frac34$	2,370	$12\frac12$
0,024	$1\frac14$	0,745	7	2,466	$12\frac34$
0,034	$1\frac12$	0,799	$7\frac14$	2,563	13
0,046	$1\frac34$	0,855	$7\frac12$	2,662	$13\frac14$
0,061	2	0,913	$7\frac34$	2,763	$13\frac12$
0,077	$2\frac14$	0,973	8	2,866	$13\frac34$
0,095	$2\frac12$	1,035	$8\frac14$	2,970	14
0,115	$2\frac34$	1,098	$8\frac12$	3,077	$14\frac14$
0,137	3	1,164	$8\frac34$	3,185	$14\frac12$
0,161	$3\frac14$	1,231	9	3,295	$14\frac34$
0,186	$3\frac12$	1,300	$9\frac14$	3,407	15
0,214	$3\frac34$	1,371	$9\frac12$	3,521	$15\frac14$
0,243	4	1,444	$9\frac34$	3,637	$15\frac12$
0,275	$4\frac14$	1,519	10	3,754	$15\frac34$
0,308	$4\frac12$	1,596	$10\frac14$	3,874	16
0,343	$4\frac34$	1,674	$10\frac12$	3,995	$16\frac14$
0,380	5	1,755	$10\frac34$	4,118	$16\frac12$
0,419	$5\frac14$	1,837	11	4,243	$16\frac34$
0,460	$5\frac12$	1,921	$11\frac14$	4,369	17

Tabelle 13. *Teilen von Skalen.*

Teilung	Umdrehungen der Handkurbel	Zähnezahlen der Wechselräder			
		E'	F	G	H
0,001 mm	$^1/_{49}$	56	40	28	100
0,005 mm	$^1/_{43}$	86	24	48	100
0,01 mm	$^2/_{43}$	86	24	48	100
0,05 mm	$^1/_{15}$	72	24	48	24
0,00005″	$^1/_{49}$	64	72	56	100
0,0001″	$^1/_{27}$	64	56	48	100
0,0005″	$^1/_{27}$	64	28	48	40
0,001″	$^1/_{15}$	64	24	32	28
0,005″	$^{127}/_{49} = 2\,^{29}/_{49}$	56	40	28	100
0,01″	$^{127}/_{43} = 2\,^{41}/_{43}$	86	40	32	100
0,05″	$^{127}/_{21} = 6\,^{1}/_{21}$	72	24	56	100
0,1″	$^{127}/_{20} = 6\,^{7}/_{20}$	64	24	48	40
0,5″	$^{254}/_{15} = 16\,^{14}/_{15}$	72	24	48	24

Tabelle 14. *Neigungswinkel für das Fräsen der Stirnzähne von Walzenstirnfräsern.*

Zähne-zahl	Winkel des verwendeten Fräsers								
	85°	80°	75°	70°	65°	60°	55°	50°	45°
5	74° 23′	57° 8′	34° 27′	—	—	—	—	—	—
6	81° 17′	72° 13′	62° 21′	50° 55′	36° 8′	—	—	—	—
7	83° 42′	77° 13′	70° 22′	62° 50′	54° 12′	43° 36′	28° 35′	—	—
8	84° 59′	79° 51′	74° 27′	68° 39′	62° 12′	54° 44′	45° 33′	32° 57′	—
9	85° 47′	81° 29′	77° 0′	72° 13′	66° 58′	61° 1′	54° 1′	45° 15′	32° 57′
10	86° 21′	82° 38′	78° 46′	74° 40′	70° 12′	65° 12′	59° 25′	52° 26′	43° 24′
11	86° 47′	83° 29′	80° 5′	76° 28′	72° 34′	68° 13′	63° 15′	57° 22′	50° 1′
12	87° 6′	84° 9′	81° 6′	77° 52′	74° 23′	70° 32′	66° 9′	61° 2′	54° 44′
13	87° 22′	84° 41′	81° 54′	78° 59′	75° 48′	72° 21′	68° 26′	63° 52′	58° 21′
14	87° 35′	85° 8′	82° 35′	79° 54′	77° 1′	73° 51′	70° 17′	66° 10′	61° 13′
15	87° 46′	85° 30′	83° 9′	80° 40′	78° 1′	75° 6′	71° 50′	68° 4′	63° 34′
16	87° 55′	85° 49′	83° 38′	81° 20′	78° 52′	76° 10′	73° 8′	69° 40′	65° 32′
17	88° 3′	86° 5′	84° 3′	81° 53′	79° 36′	77° 4′	74° 15′	71° 1′	67° 12′
18	88° 11′	86° 19′	84° 24′	82° 23′	80° 14′	77° 52′	75° 14′	72° 13′	68° 39′
19	88° 17′	86° 32′	84° 43′	82° 49′	80° 47′	78° 34′	76° 6′	73° 15′	69° 55′
20	88° 22′	86° 43′	85° 0′	83° 13′	81° 17′	79° 11′	76° 51′	74° 11′	71° 2′
21	88° 27′	86° 53′	85° 15′	83° 33′	81° 44′	79° 44′	77° 31′	74° 59′	72° 2′
22	88° 32′	87° 2′	85° 29′	83° 52′	82° 8′	80° 14′	78° 8′	75° 44′	72° 55′
23	88° 36′	87° 10′	85° 42′	84° 9′	82° 30′	80° 42′	78° 41′	76° 24′	73° 44′
24	88° 39′	87° 18′	85° 53′	84° 24′	82° 49′	81° 6′	79° 11′	77° 0′	74° 28′
25	88° 43′	87° 24′	86° 4′	84° 38′	83° 7′	81° 28′	79° 39′	77° 33′	75° 7′
26	88° 46′	87° 30′	86° 13′	84° 51′	83° 24′	81° 49′	80° 4′	78° 4′	75° 44′
27	88° 49′	87° 36′	86° 22′	85° 3′	83° 39′	82° 8′	80° 27′	78° 32′	76° 17′
28	88° 51′	87° 42′	86° 30′	85° 14′	83° 53′	82° 26′	80° 48′	78° 58′	76° 49′
29	88° 54′	87° 46′	86° 37′	85° 24′	84° 7′	82° 42′	81° 8′	79° 21′	77° 17′
30	88° 56′	87° 51′	86° 44′	85° 34′	84° 19′	82° 57′	81° 26′	79° 43′	77° 44′
32	89° 0′	87° 59′	86° 57′	85° 51′	84° 41′	83° 24′	82° 0′	80° 23′	78° 32′
34	89° 4′	88° 7′	87° 8′	86° 6′	85° 1′	83° 48′	82° 29′	80° 59′	79° 14′
36	83° 7′	88° 13′	87° 18′	86° 19′	85° 17′	84° 9′	82° 54′	81° 29′	79° 51′
38	89° 10′	88° 19′	87° 26′	86° 31′	85° 32′	84° 29′	83° 17′	81° 58′	80° 24′
40	89° 12′	88° 24′	87° 34′	86° 42′	85° 46′	84° 45′	83° 38′	82° 22′	80° 53′
42	89° 15′	88° 29′	87° 41′	86° 51′	85° 58′	85° 0′	83° 57′	82° 44′	81° 20′
44	89° 17′	88° 33′	87° 48′	87° 0′	86° 9′	85° 14′	84° 13′	83° 4′	81° 44′
46	89° 19′	88° 37′	87° 53′	87° 8′	86° 20′	85° 27′	84° 29′	83° 23′	82° 7′
48	89° 20′	88° 40′	87° 59′	87° 16′	86° 29′	85° 38′	84° 43′	83° 39′	82° 26′
50	89° 22′	88° 43′	88° 4′	87° 22′	86° 37′	85° 49′	84° 55′	83° 55′	82° 45′
52	89° 23′	88° 46′	88° 8′	87° 28′	86° 45′	85° 59′	85° 7′	84° 9′	83° 3′
54	89° 25′	88° 49′	88° 12′	87° 34′	86° 53′	86° 8′	85° 18′	84° 22′	83° 17′
56	89° 26′	88° 52′	88° 16′	87° 39′	86° 59′	86° 16′	85° 28′	84° 34′	83° 31′
58	89° 27′	88° 54′	88° 20′	87° 44′	87° 6′	86° 24′	85° 38′	84° 46′	83° 46′
60	89° 28′	88° 56′	88° 23′	87° 49′	87° 11′	86° 31′	85° 47′	84° 57′	83° 58′

Tabelle 15. *Neigungswinkel für das Fräsen von Winkelfräsern 5°.*

Zähnezahl	Winkel des verwendeten Fräsers								
	90°	85°	80°	75°	70°	65°	60°	55°	50°
5	74° 12′	59° 11′	42° 43′	21° 41′	—	—	—	—	—
6	80° 4′	71° 29′	62° 34′	53° 52′	41° 41′	27° 22′	—	—	—
7	82° 1′	75° 47′	69° 22′	62° 35′	55° 9′	46° 33′	36° 12′	21° 36′	—
8	82° 57′	77° 58′	72° 52′	67° 32′	61° 47′	55° 23′	48° 0′	38° 56′	25° 40′
9	83° 29′	79° 18′	75° 2′	70° 35′	65° 49′	60° 36′	54° 43′	47° 46′	38° 30′
10	83° 50′	80° 13′	76° 31′	72° 41′	68° 35′	64° 9′	59° 11′	53° 27′	46° 4′
11	84° 4′	80° 52′	77° 36′	74° 12′	70° 37′	66° 43′	62° 24′	57° 28′	51° 15′
12	84° 14′	81° 21′	78° 25′	75° 23′	72° 10′	68° 42′	64° 52′	60° 31′	55° 5′
13	84° 21′	81° 44′	79° 4′	76° 13′	73° 23′	70° 15′	66° 48′	62° 54′	58° 4′
14	84° 27′	82° 3′	79° 36′	77° 4′	74° 24′	71° 32′	68° 23′	64° 50′	60° 28′
15	84° 32′	82° 19′	80° 3′	77° 43′	75° 15′	72° 30′	69° 42′	66° 27′	62° 28′
16	84° 35′	82° 31′	80° 25′	78° 14′	75° 57′	73° 30′	70° 49′	67° 48′	64° 7′
17	84° 38′	82° 42′	80° 44′	78° 42′	76° 34′	74° 16′	71° 46′	68° 58′	65° 33′
18	84° 41′	82° 52′	81° 1′	79° 7′	77° 6′	74° 57′	72° 36′	69° 59′	66° 47′
19	84° 43′	83° 0′	81° 16′	79° 28′	77° 34′	75° 33′	73° 20′	70° 52′	67° 42′
20	84° 45′	83° 8′	81° 29′	79° 47′	77° 59′	76° 4′	73° 59′	71° 39′	68° 50′
21	84° 46′	83° 14′	81° 40′	80° 3′	78° 21′	76° 32′	74° 33′	72° 20′	69° 40′
22	84° 47′	83° 19′	81° 50′	80° 17′	78° 40′	76° 57′	75° 4′	72° 58′	70° 26′
23	84° 48′	83° 24′	81° 59′	80° 30′	78° 58′	77° 20′	75° 32′	73° 32′	71° 7′
24	84° 49′	83° 29′	82° 7′	80° 43′	79° 15′	77° 40′	75° 58′	74° 3′	71° 44′

Tabelle 16. *Neigungswinkel für das Fräsen von Winkelfräsern 10°.*

Zähnezahl	Winkel des verwendeten Fräsers								
	90°	85°	80°	75°	70°	65°	60°	55°	50°
5	60° 16′	46° 45′	32° 9′	14° 31′	—	—	—	—	—
6	70° 34′	62° 11′	53° 50′	44° 37′	34° 5′	20° 57′	—	—	—
7	74° 12′	68° 8′	61° 55′	55° 20′	48° 9′	39° 57′	30° 2′	16° 32′	—
8	76° 0′	71° 8′	66° 9′	60° 56′	55° 19′	49° 6′	41° 56′	33° 12′	20° 39′
9	77° 2′	72° 56′	68° 45′	64° 23′	59° 21′	54° 7′	48° 52′	42° 6′	33° 8′
10	77° 42′	74° 8′	70° 31′	66° 44′	62° 44′	57° 22′	53° 30′	47° 54′	40° 42′
11	78° 10′	75° 1′	71° 48′	68° 28′	64° 56′	61° 6′	56° 52′	52° 2′	45° 56′
12	78° 30′	75° 40′	72° 46′	69° 47′	66° 37′	63° 12′	59° 26′	55° 10′	49° 50′
13	78° 44′	76° 9′	73° 31′	70° 48′	67° 56′	64° 51′	61° 26′	57° 36′	52° 51′
14	78° 56′	76° 34′	74° 9′	71° 39′	69° 2′	66° 12′	63° 6′	59° 36′	55° 19′
15	79° 5′	76° 54′	74° 40′	72° 21′	69° 56′	67° 19′	64° 28′	61° 15′	57° 20′
16	79° 12′	77° 10′	75° 5′	72° 57′	70° 41′	68° 16′	65° 37′	62° 39′	59° 1′
17	79° 18′	77° 23′	75° 27′	73° 27′	71° 20′	69° 4′	66° 36′	63° 51′	60° 28′
18	79° 22′	77° 34′	75° 45′	73° 52′	71° 53′	69° 46′	67° 27′	64° 58′	61° 43′
19	79° 26′	77° 44′	76° 1′	74° 15′	72° 23′	70° 23′	68° 12′	65° 46′	62° 48′
20	79° 30′	77° 54′	76° 16′	74° 35′	72° 44′	70° 56′	68° 52′	66° 34′	63° 47′
21	79° 33′	78° 2′	76° 29′	74° 53′	73° 12′	71° 25′	69° 28′	67° 17′	64° 38′
22	79° 35′	78° 8′	76° 40′	75° 9′	73° 33′	71° 51′	69° 59′	67° 55′	65° 25′
23	79° 37′	78° 18′	76° 50′	75° 23′	73° 52′	72° 14′	70° 28′	68° 29′	66° 6′
24	79° 39′	78° 20′	76° 59′	75° 30′	74° 9′	72° 35′	70° 54′	69° 1′	66° 44′

Tabellen-Anhang.

Tabelle 17. *Neigungswinkel für das Fräsen von Winkelfräsern 15°.*

Zähnezahl	Winkel des verwendeten Fräsers								
	90°	85°	80°	75°	70°	65°	60°	55°	50°
5	49° 4′	37° 3′	24° 52′	10° 32′	—	—	—	—	—
6	61° 49′	54° 9′	46° 12′	37° 40′	28° 4′	16° 26′	—	—	—
7	66° 44′	60° 57′	55° 1′	48° 45′	41° 57′	34° 14′	25° 2′	12° 57′	—
8	69° 15′	64° 33′	59° 46′	54° 44′	49° 21′	43° 24′	36° 34′	28° 21′	17° 34′
9	70° 43′	66° 45′	62° 41′	58° 28′	53° 58′	49° 3′	43° 30′	37° 2′	29° 4′
10	71° 40′	68° 12′	64° 41′	61° 1′	57° 8′	52° 55′	48° 12′	42° 47′	36° 18′
11	72° 20′	69° 16′	66° 8′	62° 54′	59° 27′	55° 44′	51° 37′	46° 56′	41° 24′
12	72° 48′	70° 2′	67° 13′	64° 18′	61° 13′	57° 54′	54° 14′	50° 5′	45° 13′
13	73° 10′	70° 39′	68° 5′	65° 26′	62° 38′	59° 37′	56° 18′	52° 34′	48° 14′
14	73° 26′	71° 7′	68° 46′	66° 20′	63° 46′	61° 0′	57° 59′	54° 35′	50° 38′
15	73° 39′	71° 30′	69° 20′	67° 5′	64° 42′	62° 10′	59° 22′	56° 15′	52° 39′
16	73° 50′	71° 50′	69° 49′	67° 43′	65° 30′	63° 9′	60° 33′	57° 40′	54° 20′
17	73° 58′	72° 6′	70° 12′	68° 14′	66° 11′	63° 58′	61° 33′	58° 51′	55° 46′
18	74° 5′	72° 20′	70° 33′	68° 42′	66° 46′	64° 41′	62° 26′	59° 54′	57° 0′
19	74° 11′	72° 32′	70° 51′	69° 6′	67° 17′	65° 19′	63° 11′	60° 49′	58° 6′
20	74° 16′	72° 42′	71° 6′	69° 28′	67° 44′	65° 53′	63° 52′	61° 37′	59° 3′
21	74° 20′	72° 51′	71° 20′	69° 46′	68° 7′	66° 22′	64° 27′	62° 20′	59° 54′
22	74° 24′	72° 59′	71° 32′	70° 3′	68° 29′	66° 49′	65° 0′	62° 59′	60° 40′
23	74° 27′	73° 6′	71° 43′	70° 18′	68° 49′	67° 13′	65° 29′	63° 33′	61° 22′
24	74° 30′	73° 12′	71° 53′	70° 32′	69° 6′	67° 35′	65° 56′	64° 5′	61° 59′

Tabelle 18. *Neigungswinkel für das Fräsen von Winkelfräsern 20°.*

Zähnezahl	Winkel des verwendeten Fräsers								
	90°	85°	80°	75°	70°	65°	60°	55°	50°
5	40° 20′	30° 4′	19° 46′	8° 4′	—	—	—	—	—
6	53° 57′	46° 55′	39° 39′	31° 55′	23° 18′	13° 11′	—	—	—
7	59° 43′	54° 17′	48° 42′	42° 51′	36° 30′	29° 23′	21° 1′	10° 23′	—
8	62° 46′	58° 18′	53° 45′	48° 59′	43° 53′	38° 16′	31° 53′	24° 16′	14° 31′
9	64° 35′	60° 47′	56° 54′	52° 52′	48° 34′	43° 53′	38° 38′	32° 32′	25° 5′
10	65° 47′	62° 28′	59° 4′	55° 33′	51° 50′	47° 47′	43° 18′	38° 9′	32° 1′
11	66° 36′	63° 39′	60° 38′	57° 30′	54° 12′	50° 38′	46° 11′	42° 12′	36° 56′
12	67° 12′	64° 32′	61° 49′	59° 0′	56° 2′	52° 50′	49° 18′	45° 19′	40° 40′
13	67° 39′	65° 13′	62° 44′	60° 11′	57° 28′	54° 34′	51° 22′	47° 47′	43° 36′
14	68° 0′	65° 46′	63° 29′	61° 8′	58° 39′	55° 59′	53° 4′	49° 47′	46° 0′
15	68° 17′	66° 13′	64° 6′	61° 55′	59° 38′	57° 10′	54° 28′	51° 27′	47° 58′
16	68° 30′	66° 34′	64° 36′	62° 34′	60° 26′	58° 9′	55° 39′	52° 51′	49° 38′
17	68° 41′	66° 53′	65° 2′	63° 8′	61° 8′	59° 0′	56° 40′	54° 3′	51° 4′
18	68° 50′	67° 8′	65° 24′	63° 37′	61° 44′	59° 44′	57° 32′	55° 5′	52° 17′
19	68° 57′	67° 21′	65° 43′	64° 2′	62° 15′	60° 22′	58° 18′	55° 59′	53° 21′
20	69° 3′	67° 32′	65° 59′	64° 23′	62° 43′	60° 55′	58° 58′	56° 47′	54° 18′
21	69° 9′	67° 42′	66° 14′	64° 42′	63° 8′	61° 25′	59° 34′	57° 30′	55° 9′
22	69° 14′	67° 51′	66° 28′	64° 59′	63° 30′	61° 52′	60° 7′	58° 9′	55° 55′
23	69° 18′	67° 59′	66° 39′	65° 15′	63° 50′	62° 16′	60° 36′	58° 44′	56° 36′
24	69° 21′	68° 5′	66° 49′	65° 30′	64° 7′	62° 38′	61° 2′	59° 14′	57° 12′

Tabelle 19. *Neigungswinkel für das Fräsen von Winkelfräsern 25°.*

Zähnezahl	Winkel des verwendeten Fräsers								
	90°	85°	80°	75°	70°	65°	60°	55°	50°
5	33° 32′	25° 0′	16° 5′	6° 27′	—	—	—	—	—
6	47° 0′	40° 38′	34° 6′	27° 10′	19° 33′	10° 48′	—	—	—
7	53° 12′	48° 10′	43° 0′	37° 35′	31° 43′	25° 17′	17° 44′	8° 31′	—
8	56° 36′	52° 25′	48° 8′	43° 40′	38° 55′	33° 41′	27° 47′	20° 50′	11° 33′
9	58° 40′	55° 4′	51° 24′	47° 36′	43° 33′	39° 8′	34° 13′	28° 33′	21° 15′
10	60° 2′	56° 53′	53° 40′	50° 21′	46° 47′	42° 58′	38° 43′	32° 53′	27° 47′
11	61° 0′	58° 11′	55° 18′	52° 20′	49° 12′	45° 48′	42° 4′	37° 49′	32° 32′
12	61° 42′	59° 9′	56° 33′	53° 52′	51° 2′	47° 59′	44° 38′	40° 51′	36° 10′
13	62° 14′	59° 54′	57° 32′	55° 5′	52° 30′	49° 44′	46° 41′	43° 15′	39° 2′
14	62° 38′	60° 29′	58° 19′	56° 3′	53° 41′	51° 8′	48° 20′	45° 12′	41° 22′
15	62° 57′	61° 0′	58° 57′	56° 52′	54° 39′	52° 18′	49° 43′	46° 50′	43° 18′
16	63° 13′	61° 22′	59° 29′	57° 32′	55° 29′	53° 17′	50° 53′	48° 13′	44° 57′
17	63° 26′	61° 42′	59° 54′	58° 6′	56° 11′	54° 8′	51° 54′	49° 23′	46° 21′
18	63° 37′	61° 59′	60° 19′	58° 36′	56° 48′	54° 52′	52° 46′	50° 25′	47° 34′
19	63° 46′	62° 13′	60° 38′	59° 1′	57° 20′	55° 30′	53° 31′	51° 19′	48° 38′
20	63° 53′	62° 25′	60° 56′	59° 23′	57° 47′	56° 4′	54° 11′	52° 6′	49° 33′
21	63° 59′	62° 36′	61° 11′	59° 43′	58° 11′	56° 34′	54° 47′	52° 48′	50° 23′
22	64° 5′	62° 46′	61° 25′	60° 1′	58° 34′	57° 1′	55° 19′	53° 26′	51° 9′
23	64° 10′	62° 55′	61° 37′	60° 17′	58° 54′	57° 25′	55° 48′	54° 0′	51° 50′
24	64° 14′	63° 3′	61° 47′	60° 31′	59° 12′	57° 46′	56° 13′	54° 30′	52° 26′

Tabelle 20. *Neigungswinkel für das Fräsen von Winkelfräsern 30°.*

Zähnezahl	Winkel des verwendeten Fräsers								
	90°	85°	80°	75°	70°	65°	60°	55°	50°
5	28° 9′	20° 51′	13° 17′	5° 15′	—	—	—	—	—
6	40° 54′	35° 12′	29° 22′	23° 13′	16° 32′	8° 59′	—	—	—
7	47° 12′	42° 35′	37° 52′	32° 56′	27° 38′	21° 47′	15° 6′	7° 5′	—
8	50° 46′	46° 53′	42° 55′	38° 47′	34° 24′	29° 36′	24° 12′	17° 55′	10° 14′
9	53° 0′	49° 38′	46° 13′	42° 40′	38° 53′	34° 48′	30° 14′	25° 1′	18° 47′
10	54° 29′	51° 31′	48° 30′	45° 22′	42° 3′	38° 29′	34° 31′	30° 1′	24° 44′
11	55° 32′	52° 52′	50° 10′	47° 22′	44° 25′	41° 13′	37° 43′	33° 45′	29° 8′
12	56° 18′	53° 53′	51° 26′	48° 54′	46° 14′	43° 21′	40° 12′	36° 38′	32° 32′
13	56° 54′	54° 42′	52° 27′	50° 8′	47° 41′	45° 4′	42° 12′	38° 58′	35° 15′
14	57° 21′	55° 19′	53° 15′	51° 7′	48° 52′	46° 27′	43° 49′	40° 51′	37° 27′
15	57° 42′	55° 49′	53° 54′	51° 55′	49° 50′	47° 35′	45° 9′	42° 25′	39° 17′
16	58° 0′	56° 14′	54° 27′	52° 36′	50° 39′	48° 34′	46° 19′	43° 47′	40° 52′
17	58° 14′	56° 35′	54° 54′	53° 10′	51° 21′	49° 24′	47° 17′	44° 55′	42° 12′
18	58° 26′	56° 53′	55° 18′	53° 40′	51° 57′	50° 7′	48° 7′	45° 53′	43° 20′
19	58° 36′	57° 8′	55° 38′	54° 6′	52° 29′	50° 45′	48° 51′	46° 46′	44° 22′
20	58° 44′	57° 21′	55° 55′	54° 28′	52° 56′	51° 18′	49° 30′	47° 31′	45° 15′
21	58° 51′	57° 32′	56° 10′	54° 47′	53° 20′	51° 47′	50° 5′	48° 12′	46° 3′
22	58° 57′	57° 42′	56° 24′	55° 5′	53° 42′	52° 13′	50° 36′	48° 44′	46° 46′
23	59° 3′	57° 51′	56° 37′	55° 21′	54° 2′	52° 37′	51° 4′	49° 21′	47° 25′
24	59° 8′	57° 59′	56° 48′	55° 36′	54° 20′	52° 59′	51° 30′	49° 52′	48° 0′

Tabelle 21. *Neigungswinkel für das Fräsen von Winkelfräsern 35°.*

Zähnezahl	Winkel des verwendeten Fräsers								
	90°	85°	80°	75°	70°	65°	60°	55°	50°
5	23° 49′	17° 35′	11° 10′	4° 22′	—	—	—	—	—
6	35° 32′	30° 29′	25° 19′	19° 53′	14° 3′	7° 1′	—	—	—
7	41° 41′	37° 20′	33° 14′	28° 46′	24° 1′	18° 48′	12° 54′	5° 58′	—
8	45° 17′	41° 43′	38° 5′	34° 19′	30° 18′	25° 56′	21° 4′	15° 27′	8° 41′
9	47° 34′	44° 28′	41° 18′	38° 1′	34° 32′	30° 47′	26° 37′	21° 52′	16° 16′
10	49° 7′	46° 22′	43° 33′	40° 39′	37° 35′	34° 17′	30° 38′	26° 30′	21° 40′
11	50° 14′	47° 46′	45° 14′	42° 38′	39° 53′	36° 55′	33° 40′	30° 0′	25° 44′
12	51° 3′	48° 48′	46° 30′	44° 8′	41° 39′	38° 58′	36° 2′	32° 44′	28° 55′
13	51° 40′	49° 36′	47° 30′	45° 20′	43° 3′	40° 36′	37° 55′	34° 55′	31° 28′
14	52° 9′	50° 15′	48° 19′	46° 18′	44° 12′	41° 57′	39° 28′	36° 42′	33° 33′
15	52° 32′	50° 46′	48° 58′	47° 6′	45° 9′	43° 4′	40° 46′	38° 12′	35° 17′
16	52° 50′	51° 11′	49° 20′	47° 46′	45° 56′	43° 59′	41° 51′	39° 28′	36° 45′
17	53° 5′	51° 32′	49° 57′	48° 20′	46° 37′	44° 47′	42° 47′	40° 33′	38° 1′
18	53° 18′	51° 50′	50° 21′	48° 49′	47° 12′	45° 29′	43° 36′	41° 31′	39° 8′
19	53° 29′	52° 6′	50° 42′	49° 14′	47° 43′	46° 5′	44° 19′	42° 21′	40° 6′
20	53° 38′	52° 19′	50° 59′	49° 36′	48° 10′	46° 37′	44° 57′	43° 5′	40° 57′
21	53° 46′	52° 31′	51° 15′	49° 56′	48° 34′	47° 6′	45° 31′	43° 44′	41° 43′
22	53° 53′	52° 42′	51° 29′	50° 14′	48° 56′	47° 32′	46° 1′	44° 19′	42° 24′
23	53° 59′	52° 51′	51° 42′	50° 30′	49° 15′	47° 55′	46° 28′	44° 51′	43° 1′
24	54° 4′	52° 59′	51° 53′	50° 44′	49° 32′	48° 16′	46° 52′	45° 20′	43° 35′

Tabelle 22. *Neigungswinkel für das Fräsen von Winkelfräsern 40°.*

Zähnezahl	Winkel des verwendeten Fräsers								
	90°	85°	80°	75°	70°	65°	60°	55°	50°
5	20° 13′	14° 53′	9° 24′	3° 39′	—	—	—	—	—
6	30° 48′	26° 21′	21° 48′	17° 3′	11° 58′	6° 22′	—	—	—
7	36° 37′	32° 52′	29° 2′	25° 3′	20° 49′	16° 12′	11° 1′	5° 2′	—
8	40° 7′	36° 53′	33° 36′	30° 10′	26° 33′	22° 38′	18° 16′	13° 20′	7° 23′
9	42° 24′	39° 34′	36° 41′	33° 41′	30° 31′	27° 26′	23° 20′	19° 4′	14° 3′
10	43° 57′	41° 26′	38° 51′	36° 11′	33° 32′	30° 21′	27° 3′	23° 16′	18° 55′
11	45° 4′	42° 48′	40° 28′	38° 4′	35° 32′	32° 49′	29° 50′	26° 29′	22° 38′
12	45° 54′	43° 50′	41° 43′	39° 32′	37° 14′	34° 45′	32° 3′	29° 2′	25° 33′
13	46° 33′	44° 38′	42° 42′	40° 41′	38° 35′	36° 19′	33° 50′	31° 4′	27° 54′
14	47° 3′	45° 17′	43° 29′	41° 38′	39° 41′	37° 36′	35° 19′	32° 46′	29° 51′
15	47° 26′	45° 47′	44° 7′	42° 24′	40° 35′	38° 39′	36° 32′	34° 10′	31° 28′
16	47° 45′	46° 13′	44° 39′	43° 3′	41° 21′	39° 32′	37° 33′	35° 21′	32° 50′
17	48° 1′	46° 34′	45° 6′	43° 36′	42° 0′	40° 18′	38° 27′	36° 23′	34° 2′
18	48° 14′	46° 52′	45° 29′	44° 4′	42° 34′	40° 58′	39° 13′	37° 17′	35° 5′
19	48° 25′	47° 8′	45° 49′	44° 28′	43° 3′	41° 33′	39° 54′	38° 4′	35° 59′
20	48° 35′	47° 22′	46° 7′	44° 50′	43° 30′	42° 4′	40° 30′	38° 46′	36° 47′
21	48° 43′	47° 33′	46° 23′	45° 9′	43° 53′	42° 31′	41° 2′	39° 23′	37° 30′
22	48° 50′	47° 43′	46° 36′	45° 26′	44° 13′	42° 55′	41° 30′	39° 56′	38° 8′
23	48° 56′	47° 52′	46° 48′	45° 41′	44° 31′	43° 17′	41° 55′	40° 25′	38° 42′
24	49° 1′	48° 0′	46° 58′	45° 55′	44° 48′	43° 36′	42° 19′	40° 52′	39° 15′

Tabelle 23. *Neigungswinkel für das Fräsen von Winkelfräsern 45°.*

Zähnezahl	Winkel des verwendeten Fräsers								
	90°	85°	80°	75°	70°	65°	60°	55°	50°
5	17° 10′	12° 36′	7° 57′	3° 5′	—	—	—	—	—
6	26° 34′	22° 41′	18° 43′	14° 35′	10° 11′	5° 23′	—	—	—
7	31° 56′	28° 36′	25° 13′	21° 42′	17° 56′	13° 55′	9° 24′	4° 15′	—
8	35° 16′	32° 22′	29° 25′	26° 22′	23° 8′	19° 39′	15° 48′	11° 25′	5° 58′
9	37° 27′	34° 54′	32° 17′	29° 36′	26° 45′	23° 41′	20° 19′	16° 31′	11° 49′
10	38° 58′	36° 41′	34° 21′	31° 57′	29° 24′	26° 40′	23° 40′	20° 18′	16° 10′
11	40° 4′	38° 0′	35° 53′	33° 42′	31° 24′	28° 57′	26° 15′	23° 14′	19° 32′
12	40° 54′	39° 0′	37° 5′	35° 5′	33° 0′	30° 45′	28° 18′	25° 33′	22° 13′
13	41° 32′	39° 47′	38° 1′	36° 11′	34° 15′	32° 12′	29° 57′	27° 36′	24° 23′
14	42° 1′	40° 24′	38° 46′	37° 4′	35° 17′	33° 22′	31° 18′	28° 58′	26° 9′
15	42° 25′	40° 55′	39° 23′	37° 48′	36° 9′	34° 22′	32° 26′	30° 17′	27° 40′
16	42° 44′	41° 20′	39° 54′	38° 25′	36° 52′	35° 12′	33° 24′	31° 23′	28° 57′
17	43° 0′	41° 41′	40° 20′	38° 57′	37° 29′	35° 55′	34° 14′	32° 20′	30° 4′
18	43° 13′	41° 58′	40° 42′	39° 24′	38° 1′	36° 33′	34° 56′	33° 10′	31° 1′
19	43° 24′	42° 13′	41° 1′	39° 47′	38° 28′	37° 5′	35° 34′	33° 54′	31° 51′
20	43° 34′	42° 26′	41° 18′	40° 8′	38° 53′	37° 34′	36° 8′	34° 33′	32° 37′
21	43° 42′	42° 37′	41° 33′	40° 26′	39° 15′	38° 0′	36° 38′	35° 7′	33° 17′
22	43° 49′	42° 47′	41° 46′	40° 42′	39° 34′	38° 23′	37° 5′	35° 38′	34° 53′
23	43° 55′	42° 56′	41° 57′	40° 56′	39° 52′	38° 43′	37° 29′	36° 6′	35° 26′
24	44° 0′	43° 4′	42° 7′	41° 9′	40° 7′	39° 1′	37° 50′	36° 31′	35° 55′

Tabelle 24. *Neigungswinkel für das Fräsen von Winkelfräsern 50°.*

Zähnezahl	Winkel des verwendeten Fräsers								
	90°	85°	80°	75°	70°	65°	60°	55°	50°
5	14° 32′	10° 39′	6° 42′	2° 33′	—	—	—	—	—
6	22° 45′	19° 23′	15° 58′	12° 24′	8° 38′	4° 32′	—	—	—
7	27° 37′	24° 42′	21° 44′	18° 39′	15° 24′	11° 54′	8° 1′	3° 36′	—
8	30° 41′	28° 8′	25° 31′	22° 50′	19° 59′	16° 55′	13° 33′	9° 45′	5° 20′
9	32° 44′	30° 28′	28° 9′	25° 45′	23° 14′	20° 31′	17° 32′	14° 13′	10° 22′
10	34° 10′	32° 7′	30° 2′	27° 54′	25° 39′	23° 12′	20° 32′	17° 34′	14° 9′
11	35° 13′	33° 22′	31° 28′	29° 31′	27° 28′	25° 16′	22° 52′	20° 11′	17° 6′
12	36° 0′	34° 18′	32° 34′	30° 47′	28° 53′	26° 54′	24° 42′	22° 15′	19° 27′
13	36° 36′	35° 2′	33° 26′	31° 48′	30° 3′	28° 13′	26° 11′	23° 56′	21° 22′
14	37° 5′	35° 38′	34° 9′	32° 47′	31° 1′	29° 18′	27° 26′	25° 21′	22° 58′
15	37° 28′	36° 7′	34° 44′	33° 18′	31° 49′	30° 13′	28° 28′	26° 32′	24° 20′
16	37° 47′	36° 31′	35° 13′	33° 53′	32° 29′	31° 0′	29° 22′	27° 33′	25° 30′
17	38° 2′	36° 50′	35° 37′	34° 22′	33° 3′	31° 38′	30° 7′	28° 24′	26° 29′
18	38° 15′	37° 7′	35° 58′	34° 47′	33° 33′	32° 13′	30° 46′	29° 10′	27° 21′
19	38° 26′	37° 22′	36° 17′	35° 9′	33° 59′	32° 43′	31° 21′	29° 50′	28° 7′
20	38° 35′	37° 34′	36° 32′	35° 28′	34° 21′	33° 9′	31° 52′	30° 25′	28° 47′
21	38° 43′	37° 45′	36° 46′	35° 45′	34° 41′	33° 33′	32° 19′	30° 57′	29° 24′
22	38° 50′	37° 55′	36° 58′	36° 0′	34° 59′	33° 55′	32° 44′	31° 26′	29° 57′
23	38° 56′	38° 3′	37° 9′	36° 14′	35° 15′	34° 14′	33° 6′	31° 51′	30° 26′
24	39° 1′	38° 10′	37° 19′	36° 25′	35° 30′	34° 30′	33° 25′	32° 14′	30° 52′

Tabelle 25. *Neigungswinkel für das Fräsen von Winkelfräsern 55°.*

Zähnezahl	Winkel des verwendeten Fräsers								
	90°	85°	80°	75°	70°	65°	60°	55°	50°
5	12° 13′	8° 57′	5° 37′	2° 10′	—	—	—	—	—
6	19° 17′	16° 25′	13° 30′	10° 28′	7° 15′	3° 48′	—	—	—
7	23° 35′	21° 4′	18° 31′	15° 51′	13° 4′	10° 3′	6° 44′	3° 1′	—
8	26° 21′	24° 8′	21° 52′	19° 31′	17° 3′	14° 25′	11° 30′	8° 17′	4° 17′
9	28° 13′	26° 14′	24° 12′	22° 7′	19° 55′	17° 34′	14° 59′	12° 6′	8° 34′
10	29° 32′	27° 45′	25° 55′	24° 2′	22° 3′	19° 55′	17° 36′	15° 1′	11° 52′
11	30° 30′	28° 52′	27° 12′	25° 29′	23° 41′	21° 45′	19° 39′	17° 18′	14° 27′
12	31° 14′	29° 44′	28° 12′	26° 38′	24° 59′	23° 13′	21° 17′	19° 8′	16° 32′
13	31° 48′	30° 25′	29° 0′	27° 33′	26° 2′	24° 24′	22° 37′	20° 38′	18° 15′
14	32° 15′	30° 58′	29° 39′	28° 18′	26° 53′	25° 25′	23° 43′	21° 53′	19° 40′
15	32° 36′	31° 24′	30° 11′	28° 55′	27° 35′	26° 11′	24° 38′	22° 56′	20° 52′
16	32° 54′	31° 47′	30° 38′	29° 27′	28° 12′	26° 53′	25° 26′	23° 51′	21° 54′
17	33° 9′	32° 6′	31° 1′	29° 54′	28° 44′	27° 29′	26° 7′	24° 38′	22° 49′
18	33° 21′	32° 21′	31° 20′	30° 17′	29° 10′	28° 0′	26° 43′	25° 18′	23° 35′
19	33° 31′	32° 34′	31° 36′	30° 36′	29° 33′	28° 27′	27° 14′	25° 54′	24° 17′
20	33° 40′	32° 46′	31° 51′	30° 54′	29° 54′	28° 51′	27° 42′	26° 25′	24° 53′
21	33° 47′	32° 56′	32° 3′	31° 9′	30° 12′	29° 12′	28° 6′	26° 53′	25° 25′
22	33° 54′	33° 5′	32° 15′	31° 23′	30° 29′	29° 31′	28° 28′	27° 19′	25° 55′
23	34° 0′	33° 13′	32° 25′	31° 36′	30° 44′	29° 48′	28° 48′	27° 42′	26° 22′
24	34° 5′	33° 20′	32° 34′	31° 47′	30° 57′	30° 4′	29° 7′	28° 3′	26° 46′

Tabelle 26. *Neigungswinkel für das Fräsen von Winkelfräsern 60°.*

Zähnezahl	Winkel des verwendeten Fräsers								
	90°	85°	80°	75°	70°	65°	60°	55°	50°
5	10° 7′	7° 25′	4° 39′	1° 47′	—	—	—	—	—
6	16° 6′	13° 41′	11° 12′	8° 42′	6° 2′	3° 9′	—	—	—
7	19° 48′	17° 40′	15° 30′	13° 16′	10° 55′	8° 22′	5° 36′	2° 30′	—
8	22° 13′	20° 19′	18° 24′	16° 24′	14° 19′	12° 4′	9° 37′	6° 53′	3° 44′
9	23° 52′	22° 10′	20° 26′	18° 39′	16° 46′	14° 46′	12° 34′	10° 7′	7° 19′
10	25° 2′	23° 30′	21° 56′	20° 19′	18° 37′	16° 48′	14° 49′	12° 36′	10° 5′
11	25° 54′	24° 30′	23° 4′	21° 35′	20° 2′	18° 23′	16° 34′	14° 34′	12° 16′
12	26° 34′	25° 16′	23° 57′	22° 36′	21° 10′	19° 39′	17° 59′	16° 9′	14° 13′
13	27° 5′	25° 53′	24° 40′	23° 25′	22° 6′	20° 41′	19° 9′	17° 27′	15° 31′
14	27° 29′	26° 22′	25° 14′	24° 4′	22° 51′	21° 32′	20° 6′	18° 32′	16° 44′
15	27° 49′	26° 46′	25° 43′	24° 37′	23° 29′	22° 15′	20° 55′	19° 27′	17° 47′
16	28° 5′	27° 6′	26° 7′	25° 5′	24° 1′	22° 52′	21° 37′	20° 14′	18° 40′
17	28° 18′	27° 23′	26° 27′	25° 29′	24° 28′	23° 23′	22° 13′	20° 55′	19° 26′
18	28° 29′	27° 37′	26° 44′	25° 49′	24° 52′	23° 50′	22° 24′	21° 30′	20° 6′
19	28° 38′	27° 49′	26° 58′	26° 7′	25° 12′	24° 14′	23° 11′	22° 1′	20° 42′
20	28° 46′	27° 59′	27° 11′	26° 22′	25° 30′	24° 35′	23° 35′	22° 29′	21° 14′
21	28° 53′	28° 8′	27° 23′	26° 36′	25° 46′	24° 54′	23° 57′	22° 54′	21° 42′
22	29° 0′	28° 17′	27° 34′	26° 49′	26° 2′	25° 12′	24° 17′	23° 17′	22° 8′
23	29° 5′	28° 24′	27° 43′	27° 0′	26° 15′	25° 27′	24° 35′	23° 37′	22° 32′
24	29° 9′	28° 30′	27° 50′	27° 9′	26° 26′	25° 40′	24° 50′	23° 55′	22° 52′

Tabelle 27. *Neigungswinkel für das Fräsen von Winkelfräsern 65°.*

Zähnezahl	Winkel des verwendeten Fräsers								
	90°	85°	80°	75°	70°	65°	60°	55°	50°
5	8° 12′	6° 0′	3° 46′	1° 27′	—	—	—	—	—
6	13° 7′	11° 10′	9° 8′	7° 4′	4° 53′	2° 33′	—	—	—
7	16° 13′	14° 28′	12° 41′	10° 50′	8° 54′	6° 49′	4° 33′	2° 1′	—
8	18° 15′	16° 40′	15° 6′	13° 26′	11° 42′	9° 51′	7° 50′	5° 30′	3° 1′
9	19° 39′	18° 14′	16° 48′	15° 19′	13° 45′	12° 5′	10° 16′	8° 14′	5° 57′
10	20° 40′	19° 23′	18° 4′	16° 44′	15° 19′	13° 48′	12° 9′	10° 19′	8° 15′
11	21° 25′	20° 14′	19° 3′	17° 49′	16° 31′	15° 9′	13° 38′	11° 58′	10° 4′
12	21° 59′	20° 54′	19° 48′	18° 40′	17° 28′	16° 12′	14° 49′	13° 17′	11° 32′
13	22° 26′	21° 26′	20° 35′	19° 22′	18° 15′	17° 5′	15° 48′	14° 23′	12° 46′
14	22° 48′	21° 52′	20° 55′	19° 56′	18° 54′	17° 48′	16° 37′	15° 17′	13° 48′
15	23° 5′	22° 13′	21° 19′	20° 24′	19° 26′	18° 24′	17° 18′	16° 4′	14° 40′
16	23° 18′	22° 29′	21° 39′	20° 47′	19° 53′	18° 55′	17° 53′	16° 43′	15° 24′
17	23° 30′	22° 43′	21° 56′	21° 8′	20° 17′	19° 22′	18° 23′	17° 17′	16° 3′
18	23° 40′	22° 55′	22° 11′	21° 25′	20° 37′	19° 46′	18° 50′	17° 47′	16° 37′
19	23° 48′	23° 5′	22° 24′	21° 40′	20° 55′	20° 6′	19° 13′	18° 14′	17° 7′
20	23° 55′	23° 14′	22° 35′	21° 54′	21° 10′	20° 24′	19° 33′	18° 38′	17° 34′
21	24° 1′	23° 22′	22° 45′	22° 6′	21° 24′	20° 39′	19° 51′	18° 58′	17° 58′
22	24° 6′	23° 29′	22° 53′	22° 16′	21° 36′	20° 53′	20° 8′	19° 17′	18° 20′
23	24° 11′	23° 36′	23° 1′	22° 26′	21° 47′	21° 7′	20° 23′	19° 34′	18° 39′
24	24° 15′	23° 43′	23° 8′	22° 34′	21° 57′	21° 18′	20° 36′	19° 50′	18° 57′

Tabelle 28. *Neigungswinkel für das Fräsen von Winkelfräsern 70°.*

Zähnezahl	Winkel des verwendeten Fräsers								
	90°	85°	80°	75°	70°	65°	60°	55°	50°
5	6° 25′	4° 42′	2° 57′	1° 8′	—	—	—	—	—
6	10° 18′	8° 44′	7° 9′	5° 32′	3° 48′	2° 0′	—	—	—
7	12° 47′	11° 23′	9° 59′	8° 31′	6° 58′	5° 21′	3° 33′	1° 34′	—
8	14° 26′	13° 11′	11° 55′	10° 36′	9° 14′	7° 45′	6° 9′	4° 23′	2° 21′
9	15° 35′	14° 27′	13° 18′	12° 7′	10° 53′	9° 33′	8° 6′	6° 30′	4° 41′
10	16° 25′	15° 23′	14° 21′	13° 15′	12° 8′	10° 55′	9° 37′	8° 9′	6° 30′
11	17° 2′	16° 5′	15° 8′	14° 8′	13° 7′	12° 0′	10° 48′	9° 28′	7° 57′
12	17° 30′	16° 38′	15° 45′	14° 50′	13° 53′	12° 51′	11° 45′	10° 31′	9° 8′
13	17° 52′	17° 4′	16° 15′	15° 24′	14° 30′	13° 33′	12° 32′	11° 23′	10° 6′
14	18° 9′	17° 24′	16° 38′	15° 51′	15° 1′	14° 8′	13° 11′	12° 7′	10° 55′
15	18° 23′	17° 41′	16° 58′	16° 14′	15° 28′	14° 38′	13° 44′	12° 44′	11° 37′
16	18° 35′	17° 55′	17° 15′	16° 33′	15° 50′	15° 3′	14° 13′	13° 17′	12° 13′
17	18° 45′	18° 7′	17° 30′	16° 50′	16° 9′	15° 25′	14° 38′	13° 46′	12° 45′
18	18° 53′	18° 17′	17° 42′	17° 5′	16° 26′	15° 44′	14° 59′	14° 10′	13° 13′
19	19° 0′	18° 26′	17° 52′	17° 17′	16° 40′	16° 1′	15° 18′	14° 32′	13° 38′
20	19° 6′	18° 35′	18° 1′	17° 28′	16° 53′	16° 16′	15° 35′	14° 51′	13° 59′
21	19° 11′	18° 41′	18° 9′	17° 38′	17° 5′	16° 29′	15° 50′	15° 8′	14° 18′
22	19° 15′	18° 46′	18° 16′	17° 46′	17° 15′	16° 40′	16° 3′	15° 22′	14° 35′
23	19° 19′	18° 51′	18° 23′	17° 54′	17° 25′	16° 50′	16° 15′	15° 36′	14° 51′
24	19° 22′	18° 55′	18° 29′	18° 0′	17° 33′	16° 59′	16° 25′	15° 48′	15° 5′

Tabelle 29. *Neigungswinkel für das Fräsen von Winkelfräsern 75°.*

Zähnezahl	Winkel des verwendeten Fräsers								
	90°	85°	80°	75°	70°	65°	60°	55°	50°
5	4° 44′	3° 28′	2° 10′	0° 50′	—	—	—	—	—
6	7° 38′	6° 29′	5° 19′	4° 6′	2° 50′	1° 29′	—	—	—
7	9° 29′	8° 27′	7° 24′	6° 17′	5° 10′	3° 57′	2° 38′	1° 10′	—
8	10° 44′	9° 48′	8° 51′	7° 50′	6° 51′	5° 45′	4° 34′	3° 14′	1° 45′
9	11° 36′	10° 46′	9° 54′	9° 0′	8° 5′	7° 5′	6° 0′	4° 49′	3° 27′
10	12° 14′	11° 28′	10° 40′	9° 52′	9° 1′	8° 7′	7° 8′	6° 3′	4° 49′
11	12° 42′	12° 0′	11° 16′	10° 32′	9° 45′	8° 56′	8° 2′	7° 1′	5° 54′
12	13° 4′	12° 25′	11° 45′	11° 4′	10° 21′	9° 35′	8° 45′	7° 49′	6° 47′
13	13° 21′	12° 45′	12° 8′	11° 29′	10° 50′	10° 7′	9° 21′	8° 29′	7° 31′
14	13° 34′	13° 0′	12° 26′	11° 50′	11° 13′	10° 33′	9° 50′	9° 2′	8° 7′
15	13° 45′	13° 13′	12° 41′	12° 7′	11° 33′	10° 55′	10° 15′	9° 30′	8° 39′
16	13° 54′	13° 24′	12° 54′	12° 22′	11° 50′	11° 14′	10° 37′	9° 54′	9° 7′
17	14° 2′	13° 33′	13° 5′	12° 35′	12° 5′	11° 31′	10° 56′	10° 16′	9° 31′
18	14° 8′	13° 41′	13° 14′	12° 46′	12° 17′	11° 45′	11° 12′	10° 34′	9° 51′
19	14° 13′	13° 48′	13° 22′	12° 55′	12° 28′	11° 58′	11° 26′	10° 50′	10° 10′
20	14° 18′	13° 54′	13° 29′	13° 4′	12° 38′	12° 9′	11° 39′	11° 5′	10° 27′
21	14° 22′	13° 59′	13° 36′	13° 12′	12° 46′	12° 19′	11° 50′	11° 17′	10° 41′
22	14° 25′	14° 3′	13° 41′	13° 18′	12° 53′	12° 28′	12° 0′	11° 29′	10° 54′
23	14° 28′	14° 7′	13° 46′	13° 24′	13° 0′	12° 36′	12° 9′	11° 40′	11° 6′
24	14° 31′	14° 11′	13° 50′	13° 29′	13° 7′	12° 44′	12° 18′	11° 50′	11° 18′

Tabelle 30. *Neigungswinkel für das Fräsen von Winkelfräsern 80°.*

Zähnezahl	Winkel des verwendeten Fräsers								
	90°	85°	80°	75°	70°	65°	60°	55°	50°
5	3° 7′	2° 17′	1° 26′	0° 33′	—	—	—	—	—
6	5° 2′	4° 16′	3° 30′	2° 42′	1° 52′	0° 58′	—	—	—
7	6° 16′	5° 35′	4° 53′	4° 10′	3° 25′	2° 36′	1° 45′	0° 46′	—
8	7° 6′	6° 29′	5° 51′	5° 12′	4° 31′	3° 48′	3° 2′	2° 8′	1° 8′
9	7° 42′	7° 8′	6° 34′	5° 58′	5° 21′	4° 42′	3° 59′	3° 11′	2° 17′
10	8° 7′	7° 36′	7° 5′	6° 33′	5° 59′	5° 22′	4° 44′	4° 0′	3° 11′
11	8° 26′	7° 58′	7° 29′	7° 0′	6° 28′	5° 55′	5° 19′	4° 39′	3° 54′
12	8° 41′	8° 15′	7° 48′	7° 21′	6° 52′	6° 22′	5° 48′	5° 11′	4° 29′
13	8° 53′	8° 29′	8° 4′	7° 38′	7° 12′	6° 43′	6° 12′	5° 38′	4° 59′
14	9° 2′	8° 40′	8° 16′	7° 52′	7° 28′	7° 1′	6° 32′	6° 0′	5° 24′
15	9° 9′	8° 48′	8° 26′	8° 4′	7° 40′	7° 16′	6° 48′	6° 19′	5° 45′
16	9° 15′	8° 55′	8° 35′	8° 14′	7° 51′	7° 28′	7° 3′	6° 33′	6° 3′
17	9° 20′	9° 1′	8° 42′	8° 22′	8° 1′	7° 39′	7° 15′	6° 49′	6° 19′
18	9° 24′	9° 6′	8° 48′	8° 29′	8° 10′	7° 49′	7° 26′	7° 1′	6° 33′
19	9° 28′	9° 11′	8° 53′	8° 36′	8° 17′	7° 58′	7° 36′	7° 12′	6° 45′
20	9° 31′	9° 15′	8° 58′	8° 42′	8° 24′	8° 5′	7° 44′	7° 21′	6° 56′
21	9° 34′	9° 19′	9° 3′	8° 47′	8° 30′	8° 12′	7° 52′	7° 30′	7° 6′
22	9° 36′	9° 22′	9° 6′	8° 51′	8° 35′	8° 18′	7° 59′	7° 38′	7° 15′
23	9° 38′	9° 24′	9° 9′	8° 55′	8° 39′	8° 23′	8° 5′	7° 45′	7° 23′
24	9° 40′	9° 26′	9° 13′	8° 59′	8° 43′	8° 28′	8° 11′	7° 51′	7° 30′

Tabelle 31. *Neigungswinkel für das Fräsen von Winkelfräsern 85°.*

Zähnezahl	Winkel des verwendeten Fräsers								
	90°	85°	80°	75°	70°	65°	60°	55°	50°
5	1° 33′	1° 8′	0° 43′	0° 17′	—	—	—	—	—
6	2° 30′	2° 7′	1° 44′	1° 20′	0° 55′	0° 28′	—	—	—
7	3° 7′	2° 46′	2° 26′	2° 4′	1° 42′	1° 18′	0° 50′	0° 22′	—
8	3° 32′	3° 13′	2° 55′	2° 35′	2° 15′	1° 53′	1° 29′	1° 3′	0° 34′
9	3° 50′	3° 33′	3° 16′	2° 58′	2° 40′	2° 20′	1° 59′	1° 35′	1° 8′
10	4° 3′	3° 48′	3° 32′	3° 16′	2° 59′	2° 41′	2° 21′	1° 59′	1° 35′
11	4° 13′	3° 59′	3° 44′	3° 30′	3° 14′	2° 57′	2° 39′	2° 19′	1° 57′
12	4° 20′	4° 7′	3° 53′	3° 40′	3° 25′	3° 10′	2° 53′	2° 35′	2° 15′
13	4° 26′	4° 14′	4° 1′	3° 48′	3° 35′	3° 21′	3° 6′	2° 48′	2° 30′
14	4° 30′	4° 19′	4° 7′	3° 55′	3° 43′	3° 29′	3° 15′	2° 59′	2° 42′
15	4° 34′	4° 23′	4° 12′	4° 1′	3° 50′	3° 37′	3° 24′	3° 9′	2° 52′
16	4° 37′	4° 27′	4° 17′	4° 6′	3° 56′	3° 44′	3° 30′	3° 17′	3° 1′
17	4° 40′	4° 30′	4° 21′	4° 11′	4° 1′	3° 50′	3° 37′	3° 24′	3° 9′
18	4° 42′	4° 33′	4° 24′	4° 15′	4° 5′	3° 55′	3° 43′	3° 30′	3° 16′
19	4° 44′	4° 35′	4° 27′	4° 18′	4° 9′	3° 59′	3° 48′	3° 36′	3° 22′
20	4° 46′	4° 37′	4° 29′	4° 21′	4° 12′	4° 3′	3° 52′	3° 41′	3° 28′
21	4° 47′	4° 39′	4° 31′	4° 23′	4° 15′	4° 6′	3° 56′	3° 45′	3° 33′
22	4° 48′	4° 41′	4° 33′	4° 25′	4° 18′	4° 9′	3° 59′	3° 49′	3° 37′
23	4° 49′	4° 42′	4° 35′	4° 27′	4° 20′	4° 12′	4° 2′	3° 53′	3° 41′
24	4° 50′	4° 43′	4° 36′	4° 29′	4° 22′	4° 14′	4° 5′	3° 56′	3° 45′

Tabelle 32. *Neigungswinkel für das Fräsen von Kupplungen mit Sägezähnen.*

Zähnezahl	Winkel des verwendeten Fräsers			Zähnezahl	Winkel des verwendeten Fräsers		
	80°	70°	60°		80°	70°	60°
5	82° 38′	74° 40′	65° 12′	18	88° 13′	86° 19′	84° 9′
6	84° 9′	77° 52′	70° 32′	19	88° 19′	86° 31′	84° 30′
7	85° 10′	79° 54′	73° 50′	20	88° 24′	86° 42′	84° 46′
8	85° 48′	81° 20′	76° 10′	21	88° 29′	86° 51′	85° 1′
9	86° 19′	82° 23′	77° 52′	22	88° 33′	87° 0′	85° 13′
10	86° 43′	83° 13′	79° 12′	23	88° 37′	87° 8′	85° 27′
11	87° 4′	83° 54′	80° 14′	24	88° 40′	87° 15′	85° 38′
12	87° 18′	84° 24′	81° 6′	25	88° 43′	87° 22′	85° 49′
13	87° 30′	84° 51′	81° 49′	26	88° 46′	87° 28′	85° 59′
14	87° 42′	85° 12′	82° 26′	27	88° 50′	87° 34′	86° 8′
15	87° 51′	85° 34′	82° 57′	28	88° 52′	87° 39′	86° 16′
16	87° 59′	85° 51′	83° 24′	29	88° 54′	87° 44′	86° 24′
17	88° 7′	86° 6′	83° 48′	30	88° 56′	87° 48′	86° 31′

Tabelle 33.

Neigungswinkel für das Fräsen von V-förmigen Nuten mittels doppelseitiger Winkelfräser.

Zähnezahl	Winkel des verwendeten Fräsers		Zähnezahl	Winkel des verwendeten Fräsers	
	90°	60°		90°	60°
9	79° 51′	72° 13′	30	86° 59′	84° 47′
10	80° 53′	74° 5′	31	87° 5′	84° 57′
11	81° 44′	75° 35′	32	87° 11′	85° 6′
12	82° 26′	76° 50′	33	87° 16′	85° 16′
13	83° 2′	77° 52′	34	87° 21′	85° 25′
14	83° 32′	78° 45′	35	87° 26′	85° 32′
15	83° 58′	79° 31′	36	87° 30′	85° 40′
16	84° 21′	80° 11′	37	87° 34′	85° 47′
17	84° 41′	80° 46′	38	87° 38′	85° 54′
18	84° 59′	81° 17′	39	87° 42′	86° 0′
19	85° 15′	81° 45′	40	87° 45′	86° 6′
20	85° 29′	82° 10′	41	87° 48′	86° 12′
21	85° 42′	82° 34′	42	87° 51′	86° 17′
22	85° 54′	82° 53′	43	87° 54′	86° 22′
23	86° 5′	83° 12′	44	87° 57′	86° 27′
24	86° 15′	83° 29′	45	88° 0′	86° 32′
25	86° 24′	83° 45′	46	88° 3′	86° 37′
26	86° 32′	84° 1′	47	88° 5′	86° 41′
27	86° 39′	84° 13′	48	88° 8′	86° 45′
28	86° 46′	84° 25′	49	88° 10′	86° 49′
29	86° 53′	84° 37′	50	88° 12′	86° 53′

Sachverzeichnis.

(Ohne die aus dem Inhaltsverzeichnis ersichtlichen Schlagworte).